MURPHY'S LAW
墨菲定律

不可不知的生存法则

刘建华◎编著

北京时代华文书局

图书在版编目（CIP）数据

墨菲定律 ：不可不知的生存法则 / 刘建华编著 . --
北京 ：北京时代华文书局，2019.5
ISBN 978-7-5699-2985-0

Ⅰ . ①墨… Ⅱ . ①刘… Ⅲ . ①成功心理－通俗读物
Ⅳ . ① B848.4-49

中国版本图书馆 CIP 数据核字 (2019) 第 063165 号

墨菲定律：不可不知的生存法则
MOFEI DINGLÜ BUKEBUZHI DE SHENGCUN FAZE

编　　著 | 刘建华

出 版 人 | 王训海
选题策划 | 郄亚威
责任编辑 | 周连杰
封面设计 | 吕宜昌
责任印制 | 刘　银

出版发行 | 北京时代华文书局 http://www.bjsdsj.com.cn
北京市东城区安定门外大街 136 号皇城国际大厦 A 座 8 楼
邮编：100011　电话：010－64267955　64267677
印　　刷 | 北京兰星球彩色印刷有限公司　电话：0316-5925887
（如发现印装质量问题，请与印刷厂联系调换）
开　　本 | 710mm×1000mm　1/16　印　　张 | 16　字　　数 | 180 千字
版　　次 | 2019 年 6 月第 1 版　印　　次 | 2019 年 6 月第 1 次印刷
书　　号 | 978-7-5699-2985-0
定　　价 | 39.80 元

Contents 目录

1

Chapter 1

突破思维定势，认识真正的自我

上得山多终遇虎

墨菲定律注重可能性，包括小概率事件，强调事物的变化及不确定性。一件事你做一次没出差错，第二次也没出问题，做多了，小概率事件就逐渐变成了必然事件。“上得山多终遇虎”，指的就是这种情况。

在古代，环境还没有被破坏得这么厉害，山上有老虎是常有的事。尽管一只老虎的领地可达数平方公里，但它也不是天天在领地闲逛，所以上一次山遇到老虎的概率也不高。但如果每天都上山的话，总有一天会倒霉的。

现在环境被破坏得严重，要“遇虎”，大概只能到动物园去了。但现实生活中，因为心存侥幸而最终“遇虎”的悲剧却在不停地上演。比如：

明明湖边的提示牌上写着：水深危险，请勿游泳！但总有人以为自己水性好、技术高，硬要下水。游一次没事，游N次还是没发生什么，后来第N+1次溺水身亡了。

明明路口亮起了红灯，但还是有人趁着车还远，赶紧过马路，N次都没出意外，第N+1次发生了车祸。

明明不能酒后驾车，但还是有人觉得没有喝多、神志清醒、反应敏捷，倒霉的事不会摊在自己头上，酒驾了N次都没出事儿，第N+1次出事儿了。

明明偷窃别人的钱财不对，第一次偷东西很害怕，第二次没那么怕了，直到N次还是能逍遥法外，第N+1次终于被逮了个正着。

生活中这样的例子举不胜举，上得“山”多，就越做越大胆，越来越肆无忌惮。总有一天，真的遇到了“虎”。

侥幸心理是酿成很多祸患的诱因、条件、根源。你可以狡猾地躲过“一万”，却难躲过“万一”；能够逃过今天，但逃不过明天。哲学家狄德罗曾说过：“人生最大的错误，往往就是由侥幸引诱我们犯下的，当我们犯下不可饶恕、无从宽释的错误之后，侥幸隐匿得无影无踪。而我们下一个拿不定主意的时候，它又光临了”。

其实，除了“上得山多终遇虎”之外，中国还有很多话都可以反映出这个墨菲定律，如：“多行不义必自毙”“常在河边走，哪有不湿鞋”“常赶集没有碰不上亲家的”，还有《无间道》电影中的那句经典台词：“出来跑，不论做过什么，迟早要还。”说的就是这个道理。

所以，在人生的道路上我们应时刻谨记墨菲定律，这样我们会少一点“遇虎”的后悔。而如果总是心存侥幸，墨菲先生就会跳出来惩罚我们。

事事如意的概率很低

有人认为，墨菲定律的描述太过绝对和悲观，缺乏科学依据，很容易被推翻。其实，这是一种误解。

墨菲定律乍一看的确绝对而悲观，这首先是由于东西方文化差异造成的，墨菲定律以一种西方特有的幽默调侃方式描述人、事、物，对西方语言风格不熟悉的人，自然会觉得太绝对，而熟悉西方文化的人，则会轻松意会其中的幽默和睿智。对于是否悲观，不同的人有不同的看法，尤其是对于阅历不同的人来说更是如此，对比后你会发现，你的人生经历越丰富，就越会觉得诞生于人类盲目乐观之中的墨菲定律具有普遍性。

一般来说，得出定律有两种途径，一是逻辑推理，二是经验归纳。墨菲定律遵从的是第二条途径。定律的产生不仅是它来源的科学性，还有它应用的有效性。换句话说，假如一条道理被归纳出来，同时被无数事实证明是有效的，也就可以称为定律了，而不必达到数学上的精确。

更何况，墨菲定律在很多情况下也经得起逻辑推理，就拿“风永远不顺着你的发型吹”这一条来说吧，除了美式幽默“永远”二字让人觉得太过绝对外，事实上，风真的很难顺着谁的发型吹。

众所周知，基本的风向有八种：东、南、西、北、东南、西南、东北、西北，从概率的角度看，假如你面向一个方向不动，风只有12.5％的可能正好顺着你的发型吹，相应的，它有87.5％的可能不顺着你的发型吹。

但实际上，除了这八种基本的风向外，还有若干种偏东、偏南、偏西、偏北风。举例来说，若用东和南组成一个九十度的直角，刚好平分这个直角的风叫东南风，而没有平分的风则叫偏南风或偏东风。从几何学常识我们知道，平分直角的射线只有一条，而不能平分直角的射线有无穷多条。也就是说，风向实际上远远不是八种，而是趋向于无穷种。

而且，人不太可能一直不动地面朝同一个方向。所以，现实中风顺着你的发型吹的概率实际上远远小于12.5%。即使某个时刻风刚好顺着你的发型吹了，由于它根本没给你造成任何烦恼，所以你可能一点也没留意到。

常常忽视如意之事而关注不如意之事，是人之通病。再加上顺着发型吹的概率本来就小，因此，不仅“风不顺着你的发型吹”是大概率事件，而且即使加上“永远”二字也并不显得有多么绝对。

人生在世，不仅仅要做发型，还有很多其它的事情要做，而决定一件事是否如自己所愿的因素，恐怕绝不止风向那么简单。所以，我国古代就有“人生不如意十之八九”之说，这可以看作我国古代的“墨菲定律”。只是，我们的祖先比较严谨，没有说得那么绝对罢了。

在现实生活中，事事如意的概率很低，所以只可以作为祝愿和向往存在。当我们将生活中的种种不如意视若寻常，珍视如意之事，你的人生就会多一些欢笑和幸福。

防止偶然发生的人为失误

如果坏事有可能发生，不管这种可能性有多小，它总会发生，并造成最大可能的破坏。

墨菲定律揭示了一个客观事实：大概率事件会笼罩我们，而小概率事件也同样会发生，而且发生的频率要高于普通人所认为的水准，一如犯错。

任何人做任何事，即使出错的概率非常小，但只要有出错的可能，就有可能会出错。

在统计学上，大数定律叙述了这样一种现象：某一个极小概率事件，当实验的次数趋向于无穷大的时候，纵观整个发展历程，小概率事件发生的概率可趋向于1，即必然发生。

例如，飞机被公认为世界上最安全的交通工具，一般没有事故。据统计，飞机造成人员伤亡的事故率是三百万分之一。也就是说，要积累三百万个航班——你每天坐一次飞机，这样飞上8200年，才有可能遇到一次事故。这样的安全系数，甚至比走路和骑自行车都高。

然而我们看到，机毁人亡的事件每年都在发生，而造成的破坏比走路和骑自行车不知要大多少倍。对于全世界来说，任何事件即便发生的概率极其微小，长期来看就成大概率事件，甚至是必然事件了。

对于整个人生，任何一个事件，只要具有大于零的出错概率，我们就不能假设它不会发生。正是人们通常误认为小概率事件不会发生，麻痹了人们的防范意识，加大了事故发生的可能性，结果导致差错不断，事故频发。

所以，我们在事前应该尽可能想得周到、全面一些，采取多种保险措施，未雨绸缪，防微杜渐，防止偶然发生的人为失误造成损失或灾难。

“不大可能”的事也会发生

生活中我们总能听到有人在说“不大可能”，在多数情况下，说“不大可能”的人不是在表明这件事的概率低，而是在委婉地表达“不可能”，或者给自己的侥幸心理打气，直到受到墨菲定律的惩罚。

遥想轰动全球的“泰坦尼克”号，大家都记忆犹新吧。当年的建造者曾宣称：“这是一艘永不会沉没的轮船。”但结果呢！尽管泰坦尼克发生碰撞的海域（东普罗维登斯）远离冰川密集区，“不大可能”撞上冰川，但它还是撞上了。也正是因为大家觉得“不大可能”甚至“不可能”，轮船上才配备那么少的救生艇。

其实，这条巨轮的灾难早就显现出了“预警”。

1898年，英国作家摩根·罗伯森写了一本名叫《徒劳无功》的小说。小说内容描写一艘命名为“泰坦”号的巨型邮轮，在处女航中，因海上大雾，触到冰山而最后沉没。故事情节还穿插了旅客的爱情故事以及生离死别的人间悲剧。14年后的1912年，英国建造了一艘名为“泰坦尼克”号的豪华邮轮，并于同年4月10日从英国作横渡大西洋直驶纽约的处女航。不幸的是，这艘有史以来吨位最大、设备最完善的巨轮，在航行了4天后，居然和罗伯森小说中所描述的一样，因撞上冰山而沉没。

“泰坦尼克”号沉没的情节、过程与罗伯森笔下的小说如出一辙。不仅如此，二者还有众多的相似之处：小说中描写的“泰坦”号长度243.84米，排水量7.5万吨，有19个防水隔舱，3个推进器，航速25节，可以载客3000人，但只备24只救生艇。“泰坦尼克”号的长度是268.83米，排水量6.6万吨，有16个隔离的防水舱，3个推进器，航速23节，载客量为2224人，只备了22只救生艇。

如果几件事里都可能出错，常常是那件危害最大的事出错。相似点是：两船出事后乘客伤亡惨重的原因都是因为船上的救生艇太少。

这是一个神奇的预言，同时也是一个值得重视的“预警”。“泰坦尼克”号的建造方、管理人员没有一个人看过这部小说吗？有这个可能，但更大的可能是，就算看过，他们也会认为小说里虚构的故事“不大可能”真的在现实中发生。大家都太大意了，认为“泰坦尼克”号是“永不沉没”的，船长对它太有信心，对自己也太有信心。其实，在“泰坦尼克”号前面的轮船已经发出了冰山预警，但高傲的船长并没有重视，仍然以最高速行驶，他认为凭着自己多年的航海经验，发现冰山后再转舵也可以避开冰山。然而，瞭望员并没有装备望远镜，发现冰山时，船体巨大的“泰坦尼克”号根本无法快速转弯。

也许有人认为，罗伯森的小说和前面船只发出的预警不是正式预警，那么，面对正式的预警就不会有人心存侥幸吗？

“泰坦尼克”号沉没之后，国际海冰巡逻组织就开始监控北大西洋地区的冰川状态变化，在冰川季的每天都会发布预警信息。但仍然有船只试图走捷径而驶入危险区域。2010年，就有一艘船不听预警而与冰川相撞，庆幸的是，它撞上的是一块小冰山，只导致该船进入船坞大修，而无人丧生。

因此，我们任何时候都不要抱有侥幸心理，不要以为“不大可能”的事就不会发生。人生不会每时每刻都那么幸运，如果不知道吸取教训，早晚会被那块曾经侥幸绕过去的石头绊倒。

人生是一场智慧之战

人的一生面临很多纠结的选择题，向左走还是向右走，令人颇伤脑筋。有什么样的选择，就有什么样的人生。我们今天的现状是几年前选择的结果，今天的选择决定几年后的状况。很多人往往选择了不该选择的，放弃了不该放弃的，给自己的人生增添了很多烦恼。他们之所以做出了错误的选择，往往是因为缺乏足够的判断力。

人生是在一连串的判断下累积而成，拥有正确且果断的判断能力，是一个人在竞争激烈的社会中所应具备的基本条件。可以说，人生的较量都是依据判断而进行选择的一场智慧之战。经验是一种在需要之前没有的东西。读万卷书，不如行万里路；行万里路，不如阅人无数。没有经历、体验过东西，很难有真知灼见。

每个人最初都很难做出正确的判断，因为我们没有那么多经历和体验；但在一次又一次的错误判断和痛苦经验中，如果吸取了足够的教训，就能逐渐学会正确的判断方法，也就自然成了一个智慧的人。

1.经验能事半功倍，也能旧错添新错

“人非生而知之。”一个人不是生来就有经验的，而是经历了很多错误的判断和痛苦的体验之后逐渐积累而形成的。

经验能让人明白下次遇到同样的事情该怎么办，从中避免走一些弯路，但也会让人犯机械教条的错误。因为，一切事物都是发展

变化的，意外的情况时有发生，所以你不可能用经验避免所有的错误，如果过分依赖经验，囿于成见之中，不仅不利于创新，还会产生负迁移，甚至有可能犯下不可挽回的大错误。

一个登山队要攀登一座雪峰。登山前，队员们把食品、药物以及其它必备的登山器材都已准备妥当。登山队中有一位专家，他提醒负责人说："多带几根钢针。在寒冷的雪峰上，燃气炉的喷嘴很容易堵塞，需要用钢针疏通。"负责带钢针的是一位老登山队员，听了专家的话，他应道："好的。"但是，他并没有听从专家的建议，依然只带了一根钢针——他的经验告诉他：有一根钢针就足够了。

但令人遗憾的是，这支登山队最终没有把脚印留在山顶上，所有的人都丧命于寒冷的雪峰上，关键的问题就出在要命的钢针上，那唯一的一根钢针在使用时一不小心折断了。

世界上没有一成不变的事物，也就没有一成不变的经验。经验如果运用得当，可以起积极的作用，使我们避免很多错误，做事情事半功倍。但另一方面，经验也会使人们的思想僵化，在处理新事物或意外情况时又添新错。因此，生活中，我们要正确认识经验的作用，切莫掉入"经验"的陷阱。

2.如果事情还会更糟的话，它会的

人生的道路不会一帆风顺，每个人都会面临糟糕的情况。不要认为事情已经很糟了，墨菲定律告诉我们，没有最糟，只有更糟；只要事情还能更糟，它就有更糟的可能。

例如：美国第十六任总统林肯，他生下来就一贫如洗，9岁时母亲去世，15岁才开始读书；24岁时他与人合伙做生意，却因经营不善而倒闭，并因此负了15年的债；后来他再次经商，仍然是失败；他八次竞选八次落败；甚至还精神崩溃过一次。好在，林肯面对这些挫折一直没有放弃追求，终于在1860年当选为美国总统。但他刚当上总统不久，南北战争就爆发了。他在初期的战争中屡战屡败，最后好不容易成功统一了美国，再次当选总统，却在福特剧院看戏时被人刺杀而死。

在这个世界上，与林肯前半生经历类似的人很多。随便翻翻报纸，看看杂志，浏览一下网页都有深陷厄运的人，他们往往家境贫寒，而且家里总有人身体不好或早早过世，飞来横祸和各种挫败也如影随形。旁观者常感叹：为什么他们总是遭遇不幸？

面对种种磨难，情况是否会变得更糟糕，也许取决于难以捉摸的命运，但最终能否取得成就，也和一个人面临困难和挫折时所采取的人生态度有很大关系。不错，林肯的一生都在经历着糟糕的境遇，而且似乎越来越糟，但他没有选择退缩和自暴自弃，而是奋起拼搏，继续前进，因而他改写了美国的历史，最终成为最伟大的总统之一。而多数人在糟糕的境遇里只是一味的抱怨、乞怜，所以他们只有林肯的倒霉，却没有林肯的成功。

厄运也是生活的一部分

每个人都不希望厄运降临，但是厄运是生活的组成部分。当我们遭遇厄运时，掌握此厄运的知识越多，越是糟糕。

Carry和Alisa两人在体检时同时发现自己患了肝癌，并且处于中期，Carry是个律师，Alisa是个没什么文化的贫民。Carry到处找书、找资料来看，他懂得越多，越清楚癌症的危害，越是害怕，整天想着癌细胞会如何扩散、怎样转移，想着癌细胞扩散后的种种悲惨，结果不到一年就死了。而Alisa不知道癌细胞扩散后会出现什么症状，医院告诉她癌块切掉了，她就认真地相信了，所以整天笑呵呵，手术后竟然活了十多年。

医务人员患肝癌，几乎没有人能活过半年的，因为他们懂得太多了。有位外科医生路过本院B超室，突然想起来近期偶有肝区不适，顺便做了个肝胆B超，发现肝内约6厘米的肝癌病灶，只活了一个星期。这还不是最快的案例，有的人得知诊断后，当天晚上就死了。

你越是对某种疾病了解，越是会因它丧命。精神紧张、情绪压抑、心情苦闷、悲观失望等不良心理是厄运的促进剂，而这些不良心理的产生往往是我们清楚厄运的危害后引发的。所以，当我们面临厄运的时候，只需要积极应对就可以了，千万不要太专注厄运本身的危害。

成功需要在各个环节上作准备

墨菲定律发展到今天已经出现了众多的变体，“每件事都进展顺利，一定是哪里出了问题”就是其中之一。它告诫人们，当事情一切顺利时，要虑及可能发生的风险和问题。如果面临顺利的事情，就自我感觉良好，觉察不到内在问题的积累和外在的环境变化，最终将导致危机的到来。

迄今为止，人类历史上最惊心动魄的太空成就，莫过于美国。翻开美国的航天史，大家可以看到，从1958年成功发射美国第一颗人造卫星，到1969年首次把两名宇航员送上月球，并安全返回地球，几十年来美国在航天方面已创造了众多历史纪录，可以说是一切顺利。

当一切都朝一个方向进行时，最好朝反方向深深看一眼。“挑战者”号航天飞机在升空73秒后爆炸，7名宇航员全部罹难。

这次的空难使美国人接受了教训，此后美国宇航局暂停了航天飞机发射任务。直到1988年才再次走上正轨。接着，航天事业又有了新的成就，又创造了很多世界纪录。

然而，顺境中又出现了波折，2003年“哥伦比亚”号又重演了“挑战者”号的悲剧，在返回地面过程中于空中解体，7名宇航员无一生还。

任何事物的发展都会遇到一些问题，由于前期的周密计划和谨慎行事，这些问题会被处理掉和弱化掉，这样，事情就获得了成功；但随着成功次数的增加，人们往往会在一帆风顺中逐渐忽视顺利之中隐藏的小问题，直至大问题的产生和爆发。

人生也是如此，不管你是多么幸运的人，在做事顺利时，都不要沉迷于成功的喜悦而对其中的小问题视而不见。如果今天看上去完美的话，明天将是终结，因为你没有发现完美之中已经产生的问题。成功需要在各个环节上作准备，下力气，只有居安思危、常备不懈、未雨绸缪，才能避免功败垂成，或者由胜转败的结果发生。

变成自己曾讨厌的人

在不断成长和成熟的过程中，我们一天一天地改变自己，甚至有时我们自己都没有发觉。蓦然回首，我们会惊愕地发现，我们正在一点点地向年少之时自己厌恶的那种人靠近，甚至已经变成了那种人。

小时候，我们都很厌恶婆婆妈妈、办事拖沓、朝三暮四；但我们也在日渐婆婆妈妈、日渐拖沓、日渐反复无常。

上学时，我们的爱情观充满浪漫主义的色彩，最鄙视的就是那些庸俗的门当户对，那些充满铜臭味的交易式婚姻；可是当我们为了生活和租房发愁时，当我们看到别人穿金戴银，开着车去郊游，而自己却在地摊上讨价还价，放假时只能坐在家里看电视玩电脑时，我们屈服了，一步步也成为一个把感情当做交易的人。

上班时，我们厌恶钩心斗角，鄙视左右逢源和溜须拍马，可是我们渐渐发现，当自己一直讨厌、拒绝、憎恨去做的事能获得很大的利益时，我们便不断地质疑自己的选择，并逐渐变得越来越像自己曾经讨厌的人了。

不得不承认，生活就如墨菲定律说的那样，你不想变成哪样，它就偏要你变成那样。很多东西，存在即合理。

将生命浪费在会后悔的事上

生命不是无限的，短短几十年不过是弹指一挥间。生命对于时间长河来说是很短暂的，容不得我们任时光无声地滑过。但墨菲定律告诉我们，人往往会浪费生命，而且是浪费在一定会后悔的事情上。

就拿游戏来说吧！在紧张的工作和学习过后，适当玩玩游戏，可以放松心情，减缓压力；但是，如果不加节制，久溺网络游戏，不仅给家庭带来沉重的经济负担，同时也是对自己生命的严重浪费。迷上网游的人，会有回到现实生活中的痛苦情绪和自我否定的消极体验，这促使其再次回到游戏中，以逃避现实，不愿承担其应有的责任。如果不从游戏的束缚中解脱出来，后果不堪设想。

据报道，一对韩国夫妇因沉迷于互联网游戏中，导致自己3个月大的亲生女儿饿死。韩国警方证实，这对夫妇在婴儿死前，泡在韩国水原市的一家网吧打网游。让他们所沉迷的这款游戏是风靡全球的韩国奇幻游戏《守护之星》。在这款游戏中，这对夫妇需要悉心照顾一位外表酷似人类小女孩的生命体。在照顾这个虚拟宝贝的同时，他们竟将自己3个月大的亲生女儿独自留在家中直到饿死。

现实生活中，迷恋游戏，酿成悲剧甚至犯罪的事例数不胜数。人生短暂，面对游戏，我们一定要把握自己的行为，不要把时间浪费在一定会后悔的事上。

当然，有的人并不迷恋游戏，但迷恋赌博，或者执着于一场

“三角”或“多角”恋爱，或者追逐一个难以实现的梦幻……这同样是一种浪费生命的行为。

人活着要清楚自己想要什么，生活应当有明确并且专一的目标，要抛弃那些妨碍自己的琐事，不要把时间和精力投入到对自己实现目标没有意义的事情上。与其把生命浪费在一定会后悔的事上，还不如多关心一下对你重要的事。

愚蠢的创造力无所不能

在大多数人的眼中，愚蠢是一个令人厌恶的词语，人们对于它总是见而避之，尽可能地使自己远离它。然而，事实上，每个人的骨子里都有愚蠢的成分，每个人也都有愚蠢的时候。

愚蠢的创造力真是无所不能，无论多么离谱和违反常识的事都会有人干出来。

一位亚利桑那人开枪打伤了自己。这倒没有什么可大惊小怪的，这种事情时有发生。可是为了呼救，这位受伤的人又开了一枪，打中了另外一条腿。

马克在一公路上看到一场车祸，那不是一般的车祸，是一对年轻夫妻吵架，因一时气愤将不足周岁的小孩扔到车窗外，等他们停下车想回去捡小孩时，扔出去的孩子已经被后面疾驰的车辆碾压，小孩已无生命迹象。

一位叫帕罗的47岁中年人，他和老婆在深夜两点开车瞎逛时感觉很无聊，于是点了一包炸药想扔出窗外看看会怎样。很遗憾他们看不到了，因为车窗没打开。

不要觉得他们可笑，其实我们在生活中也会时不时地干出蠢事，比如在慌乱时，在自尊心受到挑战时，在生气争吵时，甚至在无聊时。

任何人都难以避免在一生之中从不落入愚蠢的状态，特别是在年轻的时候，这都是人之常情，情有可原。况且，从上述的案例中我们都领教了愚蠢的创造力是多么强。在这么强大的愚蠢力量面前，个人的心智和理性显得多么羸弱。

偶尔的愚蠢并不可怕，可怕的是常常愚蠢，甚至无休止地一直愚蠢下去。所以，我们要尽量保持理智，即使不能摆脱愚蠢，至少也要努力减少愚蠢。

为下一段路做好充分准备

人们常说："良好的开端是成功的一半。"但事实证明，有好的开端也未必有好的结果。

美好的开始，往往会让人放松警惕，以为事情会顺着自己的意愿发展下去，忽略可能会出现的错误，或者后继无力，终落惨败。例如：参加赛跑的人，起步固然要紧，但一开始冲在最前面的人，往往并不是最终的冠军，甚至连亚军、季军都不是。

人人都希望有好的开始，也有好的结果。但不管开始是多么的美好，我们都不要陶醉其中而停滞不前，如果一味沉浸于良好的开始而不去打算接着该怎么做，那么就会中途颓废，开始的美好也会随着事情的发展慢慢地出现问题，使事情向糟糕的方向发展。

因此，在人生的道路上，无论我们做什么事情，都不要虎头蛇尾。有了好的开始，一定要乘胜前进、持之以恒，把来之不易的良好势头深化下去，从而获得好的结果。

好的开始未必有好的结果，那么坏的开始呢？它给人们的阻力会更大，会更加艰辛，成功的希望会更加渺茫，结果可能会更糟。所以，墨菲定律警示人们，要注重事情的全过程，每前进一段路，都要为下一段路做好充分准备。

没选的才是正确的

生活中有很多选择题，当我们面对两个选项时，如果发现选择A好，选择B也不差，难免来回琢磨，不停纠结，到非决定不可的时候，心一横做出一个选择。结果在选过之后却发现，选到的是错的，没选的那个才是正确的。

这种现象让人哭笑不得，但之所以发生，也有其内在的原因。

如果有两种或两种以上的选择，而其中一种将导致灾难，则必定有人会做出这种选择。纠结常常是因为两个选项各有利弊，而且利弊看起来似乎是对等的。如果我们想得到所有的利，避免所有的弊，自然会陷入纠结之中，因为任何事物都有两面性，即使乍一看是绝对有利的事，其中也隐藏着不利的因素。趋利避害是人的天性，何况还有为数不少的人是完美主义者和优柔寡断者，所以，面对看起来差不多的两个选项，许多人自然不断纠结。

太贪心会使人变得盲目，希望得到所有的好处，就搞不清楚自己真正想要什么或合适什么。这在职业选择和婚恋决策中非常普遍，所以在做了选择之后难免会后悔。

除了选择的盲目性之外，“没有选择的总是最好的”的心理，也会使人们觉得没选的事情是正确的。

面对两难选择的时候，我们首先要认识自己，找到自己的真正需求。做了决定之后，我们还要有一个理智的头脑和健康的心态，完成选择后不要后悔，好好珍惜已经拥有的一切。

2

Chapter 2

如果有可能出错，就一定会出错

心理学上的“瓦伦达心态”

生活中我们常常遇到这样的事：怕什么来什么。在面对一些重要人物或关系重大的事情时，人们常常害怕出差错，结果越是害怕，往往越是会出差错。

这条墨菲定律被无数事实所证明，在体育、文艺比赛中，在考试、竞选、竞聘时，因过分看重成败反而“砸锅”的事屡见不鲜，这在心理学上被称为“瓦伦达心态”。

瓦伦达家族也许是世界上最伟大的高空杂技演员世家。20世纪70年代早期，70多岁的卡尔·瓦伦达说，在他看来，生活如同走钢丝，一切都是机会和挑战，对此人们赞叹不已。他那种专心致志于目标、任务和决策的能力令人钦佩不已。但几个月以后，在没有安全网的情况下，瓦伦达在波多黎各的圣约安市中两个高层建筑之间进行高空走钢丝表演时，不幸坠落身亡。他在掉下时手中仍紧紧抓着平衡杆。他曾一再叮嘱他的家庭成员不要把杆扔下，以免砸到下面的人，他用自己的生命实践了自己的话。

事后，瓦伦达的妻子痛心地说：“我料定他这次一定出事，因为他在上场之前，总是念念不忘地念叨着：这次演出太重要了，我只能成功，不能失败。在这之前的历次演出中，他只关心走钢索本身，其它事情毫不考虑。而这一次，他太重视演出的成败了，所以出了事。”后来，心理学家把那种过分地担心事态的结局，内心充满了患得患失的心态叫作“瓦伦达心态”。

美国斯坦福大学的权威人士通过一项研究得出科学结论：人大脑中的某一想象图像，会刺激人的神经系统，把假想当作真实情况，并为此做出努力。譬如，当一个高尔夫球运动员在击球之前，担心自己把球打进水里，他就一再告诫自己：千万不要把球打进水里去。这样，在他的大脑中便自然会出现一幅“球掉进水里”的清晰图像。其结果往往像是墨菲先生有意开玩笑，击出的球果然就掉进了水里。这项试验从另一个方面证实了“瓦伦达心态”确有其事。

可见，在事关重大的事情中，放松自己，保持一颗平常心是多么重要！如果把成败得失看得过于严重，拿得起，放不下；赢得起，输不起，总是考虑这、顾虑那，时时处于紧张、忧虑、恐惧、烦躁的状态中，这怎么可能把事做好呢？只有精神轻松，情绪稳定，才能发挥出最佳水平，取得满意的结果。

即使你不怕，也可能发生

很多人都知道，越是害怕糟糕的事情发生，越是有可能成真；于是有人就说，那我不害怕，就不会发生了吧？对此，墨菲定律告诉我们：即使你不害怕，也可能发生。

在这个世界上，有太多的事情是我们所不能控制的，我们所能做的，只能是用平和的心态去面对和接受它，而不是为之担忧和害怕。

莎拉·伯恩哈特是19世纪和20世纪初最有名的法国女演员。她很懂得如何去适应那些不可避免的事实。后来，她在71岁那年破产了——所有的钱都损失了，而她的医生，巴黎的波兹教授告知她必须把腿锯掉。事情是这样的：

她在横渡大西洋的时候碰到了暴风雨，摔倒在甲板上。她的腿伤得很重，她还染上了静脉炎，腿痉挛，剧烈的痛苦使医生诊断她的腿一定要锯掉。这位医生有点怕把这个消息告诉那个脾气很坏的莎拉。他相信，这个可怕的消息一定会使莎拉产生剧烈的情绪波动。

可是他错了。莎拉看了他一阵子，然后很平静地说："如果非这样不可的话，那就只好这样了。"

没有任何限度的接受可以改变现实，即必要的时候，困难再大也要敢于担当。

当她被推进手术室的时候，她的儿子站在一边伤心地哭。她朝他挥了挥手，高高兴兴地说："不要走开，我马上就回来。"

在去手术室的路上，她一直背诵着她演过的一出戏里的几句台词。有人问她这么做是不是为了提起自己的精神，她说：“不，是要让医生和护士们放松些，他们受的压力可大得很呢。”当手术完成、恢复健康之后，莎拉·伯恩哈特依然继续环游世界，使她的观众又为她痴迷了7年。

当事情既已发生或者必然发生的时候，我们除了接受以外，别无它法。害怕、抗拒、愤怒不能解决任何问题，只能使事情变得更糟。而当我们不再反抗那些自己无法控制的事之后，我们就能节省下精力，创造出尽可能丰富的生活。

要什么不来什么

与“怕什么来什么”相对的是“要什么不来什么”。

为什么越想得到越得不到？主要有三个原因：

第一，人们总是注意到自己失去了什么。和“怕什么来什么”一样，由于强烈地想得到，失去了平和的心态，导致不仅无法正常发挥，而且还差错不断，甚至弄巧成拙，最后无法得到想得到的结果。

第二，“得之者鄙，失之者珍”的心态在作怪。比如，很多人渴望身体健康，结果总是疾病缠身；渴望早点生孩子，可就是迟迟不能怀孕。其实，这些人之所以会产生这些渴望，往往是因为他们已经在不知不觉中意识到了自己不健康或生育能力有问题，所以越来越关注，越来越渴望。相反，一个身体非常健康的人，一个生殖系统没有问题的人，就没有这些渴望，因为他们已经拥有了。这种心态很普遍，所涉及的领域也很广泛，诸如恋爱、婚姻、家庭、职业等方面，人们常常对那些拥有的东西不屑一顾，却对那些失之交臂的东西分外珍惜。

第三，被禁止所激起的好奇心驱动。心理学上有个“潘多拉效应”，其名称来自于一个古希腊神话。神话中说，宙斯给一个名叫潘多拉的女孩一个盒子，告诉她绝对不能打开。“为什么不能打开？还要‘绝对’？里面该不是稀世珍宝吧？”潘多拉越想越好奇，越想揭开真相。憋了一段时间后，她终于把盒子打开了。谁知盒子里装的是人类的全部罪恶，结果让它们都跑到人间了。心理学把这种“不禁不为、愈禁愈为”的现象，叫“潘多拉效应”或“禁果效应”，通俗地说，就是人们对越是得不到的东西，就越想得到；越是不好接触的东西，就越觉得有诱惑力；越是不让知道的东西，就越想知道。

知道了“要什么不来什么”的原因，我们即使不能战胜这条墨菲定律，起码也能活得明白，尽量防止事与愿违现象的发生。

你的境遇不是最糟的

早上睡过头了，你以最快的速度穿戴整齐，径直朝公司奔去，可刚走到楼下，从没出过问题的鞋子竟然掉了一个跟，好不容易到了办公室，却被上司骂了个狗血喷头，于是内心不禁抱怨自己真是倒了大霉了。

此时，如果你能想起墨菲定律，或许心情就会好一些，因为它会让你明白，自己目前遇到的情况并不是最糟的。比如上面的事情，早上只是睡过了头而不是醒来发现自己生病了，更不是一睡不起；好歹能穿戴整齐，没把衣服穿反，衣服也没被扯坏；顺利地走到了公司楼下，途中没有遇到事故，只是鞋跟掉了。虽然被上司骂得挺惨，但并没有降级降薪，更没有被开除。

所以，不要遇到点糟糕的事情就抱怨不迭，觉得自己是最倒霉的那一个。没有什么事能糟到不能再糟，总有更糟的事情你没有遇到，也总有人比你更倒霉。

在美国佛罗里达州曾经发生过这样一件事情。

一个男人正在院子里修摩托车，他的妻子在厨房做饭。可是这个男人不小心将摩托车发动了，可能出错的事，总是没完没了。而且还加大了油门，更倒霉的是他的手还卡在车子的把手上，他就这样被摩托拖着朝房子的玻璃门撞去，最后跌坐在地板上。妻子听到声音赶紧从厨房跑了出来，看到丈夫满脸是血地在地上坐着，立即就打电话叫了救护车。救护车很快拉着丈夫去了医院，她留在家里收拾，她将摩托车推到院子里，又用纸巾把从车上洒落在地板上的汽油擦净，然后将这些脏纸巾倒进了卫生间的马桶里。

男人的伤势不算重，在医院包扎后就回家了。到家后他进卫生间方便，由于心情不好，他抽了一支烟，抽完后就顺手将烟蒂从两腿之间扔进马桶。接着，妻子在厨房里听到了很响的爆炸声和尖叫声。她跑进卫生间，发现丈夫躺在地上呻吟，他的裤子已经成了碎布片，屁股也被炸成了焦炭一样。她再次打电话叫了救护车。

医院派来的救护车仍是刚刚来过的那辆。护工们一边用担架将受伤的男人抬出家，一边询问原因。当女人讲述了来龙去脉后，一个护工忍不住笑了起来。这时正好是下台阶，该护工手脚一软将伤员从担架上摔了下去，结果这个倒霉的男人又摔断了胳膊。

很多人都觉得自己是最倒霉的人，生活中，我们可以听到很多类似“我是世界上最倒霉的人”“事情糟得没法再糟了”“为什么我这么倒霉”等等这类的话，总之，就是很郁闷、很难过、很痛苦，生活真是没劲儿透了，活着还有什么意思？

其实，听完他们的叙述，你会发现他们遇到的情况并不是特别糟，比他们倒霉的人也大有人在。

所以，当我们遇到倒霉的事情时，要调整心态，想想墨菲定律，想想那些更糟的情况和更倒霉的人。这样，我们就能改变自己的心情。

心理失衡会造就不良心态

有些时候，糟糕的境遇会喜欢上你，各种麻烦跟你形影不离，你到哪里它就跟到哪里，生活变得一团糟，你的心情完全像“乌云遮日”一样阴暗。

那么，为什么会产生这种接二连三交背运的状况呢？虽然其中有巧合的因素，但更重要的原因是由于心理失衡造成的不良心态所引起。

在心灵科学中，有一个著名的吸引力法则：遇到麻烦的人，如果把注意力放在了目前的麻烦事上，那么他吸引的将是与前面的麻烦频率相一致的事物。比如：疾病，灾祸、死亡等等。而这些麻烦又让他们的思维更加处于逆流之境，又吸引更多的麻烦！如此恶性循环，无休无止。除非他们能调整心态，扭转思维。

其实，中国的古人早就发现了这个规律，“祸不单行”就是最具代表性的说法。实际上，祸未必不是单行，只是一旦灾祸来临，人的情绪容易恍惚不安，对祸的感受也更加的敏感，更容易引起别的连锁的灾难，甚至平常觉得不是什么灾祸的事你也会感觉是灾祸了。

心理学知识告诉我们，生活中存在各种“麻烦”，如工作压力、家庭不和、环境变化、财物丢失、生死离别等，都会打破原有的心理平衡，使人的心态处于消极和悲观之中。

当你有了烦恼时，世界的一切都变得不好了。在这种心态下，人便会心不在焉，或缺少理智，因此就相对容易出错或发生事故，所以，正如墨菲定律所说，人一旦遇到麻烦，就很容易再给自己添麻烦。

因此，当我们遇到麻烦后，首先要客观对待，遇到问题就事论事，找到造成问题的真正原因，养成分析问题、解决问题、终结问题的习惯。其次是学会控制自己的情绪，及时调整自己的心态，并培养临危不乱、镇定自若的心理素质。

不要以为自己什么都能改变

人们常说：笑一笑，明天会更好。事实上，有些事情我们永远无法去改变，不管你是哭还是笑，面对那些已经发生和即将发生的事，都显得那么无能为力。

任何人有再乐观的人生态度，再长远的打算，甚至是有千秋万代之宏愿与美梦的古代帝王、天子，其命运也是多灾多蹇，有的甚至不堪一击。在死亡面前，人人平等；在灾难面前，人人脆弱；在宇宙面前，人人渺小。

正如刘一平在《夜游莱茵湖》一文中所说的，在宇宙的恢弘、精妙的结构和神秘的演变面前，人类实在太渺小、太脆弱。完全可以这么想象，在宇宙的眼中：人类自视为力拔山兮的壮举不过是行蚂蚁之力，无数“伟大”的发明创造只是雕虫小技，一次次发动的厮杀得天昏地暗、山崩地裂的战争，充其量也就是一群蚁虫在拳打脚踢，在无边无际的天体中荡起一粒尘埃而已。

即使是对自己的命运，人类能改变的东西也很少。无论是哭还是笑，你都不能改变自己的出身、血型、种族、衰老和死亡。人生是不完美的，有些事实无论我们采取什么态度都无法改变，有些灾难不管我们多么聪明都无力抗争，有些缺陷无论我们怎么努力都无法弥补。

人生充满戏剧化，天灾、人祸、病痛是我们生命历程中不可预知的因素，谁也不知道明天会发生什么。这是客观规律。不要总是寄希望于明天，明天也未必比今天好。有些人今天健康明天却走向残疾，有些人今天处于生命的巅峰，明天却走向低谷，有些人今天高兴地计划明天要做的事，却不知他的生命将于今夜结束。

当然，这并不是说我们的态度不能改变任何东西，墨菲定律只是在提醒人们，不要盲目乐观和妄自尊大，以为自己什么都能改变。

面对不可改变的东西，哭泣和抱怨自然于事无补，示以微笑也未必能使明天变好。一方面，人类能用态度改变的东西并不多；另一方面，即使是那些能改变的东西，如果只是笑一笑而不去努力行动，明天也不会变好。

所以，对于无法改变的，我们要坦然地接受，而不是怨天尤人或做徒劳的抗争；对于能改变的，不仅要微笑着面对困难，而且要抓住今天，脚踏实地去克服困难，以争取更好的明天。

规划的美好前景未必不会出现变故，如果没有今天，计划的明天就会落空。今天的努力，就是为了更好的明天。明天的前途，取决于今天努力的结果。只有把握好今天，才能收获明天，才能坦然面对纷繁芜杂的尘世。

不要抵制突破现有的心理舒适区

很多人都明白心态的重要性，于是在看过一些书籍或听到一些朋友的忠告后，就想改变自己的某些不良心态。但到真去改变时人们会发现，那些能让自己变得好起来的改变会令自己感觉很别扭；而那些会让自己变得更糟的改变，则很容易接受。

人是惯性的动物，天性喜好避苦趋乐，我们有意或者无意地贪恋自己的心理舒适区。

什么是心理舒适区？所谓“心理舒适区”，是人感到熟悉、驾轻就熟时的心理状态。生活中，当我们面对新挑战，需要做出的改变超出了原先的模式，内心会从原本熟悉、舒适的区域进入到紧张、担忧，甚至恐惧的“压力区”。很多人面对“压力区”会选择退回来，而如果只在心理舒适区进行改变，人就易接受。

然而，既然容易接受的改变在心理舒适区之内，那么，这种改变就没有突破性。不仅如此，它还常常会强化不良心态。比如，一个喜欢独处、害怕交际的人，如果每周本来有5个小时的对外交际时间，把每周的交际时间改为7小时与改为3小时相比，后者更易被他接受，但这只会让他更加孤僻。

所以，要想祛除坏心态拥有好心态，就要记得这条墨菲定律，不要抵制突破现有的心理舒适区。当你硬着头皮坚持下来，会惊喜地发现，你付出的一切都是值得的，因为你的心灵成长了，生活又开启了一片新天空。

悲观者更能做出正确决策

乐观主义是指一种对一切事物采用正面看法的观念，是悲观主义的反义词。乐观的人不会想到一件事的缺点与瑕疵，永远以正面的想法对待身边的一切。

许多人认为乐观比悲观好。其实，悲观的心态未必会导致乐趣全无和失败的人生。悲观主义者比乐观主义者更能够欣赏世界，因为他们不期待发生好事，所以如果有一次普通的成功，也会让他们感到惊喜。

悲观主义者一般对即将进行的事做好最坏的打算，抱最低的期望。因此，如果情况真是如预想的那样糟糕，也不会受到太大打击。这使悲观主义者表现出很强的承受能力。他们在失败之后，仍然能总结教训，从头再来。这可以帮助悲观主义者养成坚持不懈的行为模式，让他们的生命看似柔弱，实则坚韧，而且易于从挫折中成长。

实际上，悲观主义者往往比乐观主义者更易取得成功。心理学研究表明，在对类似赌博实验的成功概率进行预测时，悲观者预测的数据较之乐观者要准确得多。因此，悲观者更有可能做出正确决策。

美国心理学家诺伦做了许多研究来探讨乐观和悲观的问题，她发现悲观主义者由于抱着很低的期望，所以会“逐一检视所有可以想象到的后果，然后花很多时间和心力在脑子里预演各种可能的状况，直到很清楚需要做好哪些准备，才能成功”。“通过这种周密的心理排练，悲观主义者可以未雨绸缪，为各种可能的结果预先规划和演练，控制感也会大为增强。”在优胜劣汰的自然和社会环境中，未雨绸缪的危机感是人类以及其它动物赖以生存的心理基础，它能帮助人们获得较高的成功率。

虽然看起来乐观有益身心，但盲目的乐观往往会忽视现实，把人世看得太简单，把事情看得太容易，以致深陷懒惰懈怠，喜苟安，宽身心，不知盘根错节，艰难困苦，甚至处于覆巢积薪之下，做了釜底游鱼，还恬然自得，不知危惧。所以，一旦遭遇挫败，往往会受到很大的打击。而结果像乐观主义者预想得那样顺利或成功，也不会有什么惊喜，因为这早就是意料之中的事。

其实世界上并不存在失败

墨菲定律告诉我们，由于自身的主观原因和来自环境的客观原因，人总会出错，所以我们也必然会遇到挫折和失败。

面对失败和挫折，有情绪上的不良反应是很正常的，严重的挫折还会在人的心理上引起强烈的反应，给人带来巨大的压力。如果人长期受这种挫折的折磨，就会形成不良的心态，颓废消沉，甚至一蹶不振。

在这种情况下，有的人愤愤不平，喜欢把错误和失败迁怒于其他人，而不懂得自我反省，还容易变得冷酷无情，玩世不恭；情况如果更为严重的话，还会使人精神失常，产生心理疾病，甚至还会让人在冲动之下做出报复或轻生的举动。

人生之路并非总是平坦的，遇到坎坎坷坷不可避免。不管是来自工作上的，生活上的，感情上的，或是其他方面的挫折，都不要被失败所吓倒。社会是一个全能竞技场，每个人都是这个竞技场上的运动员。不管你愿不愿意，一项接一项的竞赛免不了。既然是竞赛，就有赢有输。胜败乃兵家常事，每个人都会有输的时候。在一些竞赛中输了，败下阵了，实属平常，没有谁是全胜的。

输了一项比赛，甚至连输几场，不可怕，人生的竞技场上还有无穷无尽的竞赛项目，还有翻身的机会，还有胜多输少的可能。而且，与体育赛场不同的是，在人生竞技场上，即使你以前多个项目都失利、失败，只要在一个重要项目上获胜，你就是胜利者，是赢家。更重要的是，人生竞技场上的竞赛项目不是固定的，也不是都由别人确定，你可以为自己创造全新的竞赛项目，自己率先做新项目的冠军。

所以说，除了心理上的失败，世界上其实并不存在失败。当托马斯·爱迪生发明电灯泡时，他有过成千上万次的失败。他将结果记录下来，做适当的调整再不断尝试。他在有过将近一万次的试验之后才制作出了电灯泡。一位助手问他为什么在这么多次失败后还不放弃。爱迪生告诉他，自己从未失败过，他只是知道了一万种行不通的方法。在爱迪生的心里不存在失败这种东西。

失败发生在彻底的放弃之后。个人心理学先驱艾尔费烈德·艾德勒说："你愈不把失败当作一回事，失败愈不能把你什么样。"的确，经历了沉重的打击，谁心里都不会很好受。但是即使是一个无知到不会写自己名字的人，如果他有坚忍的毅力，他还是有希望的；即使是一个残疾人，如果他有勇气，他就有希望。但是如果一个人经受了几次打击就灰心丧气，难以自拔，毫无斗志，那么他就没有希望。

人所以痛苦，在于追求错的东西

适度的物质财富是必需的，追求功名以求实现抱负也是对的。在一定限度内，财富的增多可以提高生活质量。

但请注意，是在一定限度内。一个人的身体构造决定了他真正需要和能够享用的物质生活资料终归是有限的，多出来的部分只是奢华和摆设。

加州大学圣迭戈分校的管理学教授大卫·施卡得认为，一旦你获得了温饱，钱多钱少对你来说真的没有太大差别。他说："一旦你跻身中低收入阶层，你要收入增加很多才会觉得生活有了明显的不同。"人之所以痛苦，在于追求错误的东西。

什么是富有？如果你是一个淡泊的人，很少的一点金钱，对于你就已经是富有，因为再多了你就不再需要了。而你如果是一个追求奢侈生活的人，那么不论你有多少金钱，你也是贫穷的，因为欲壑难填。

人的一生面临许多关卡，许多事情都是难以预料的。不管是地位还是财富，都不是完全由自己所决定的。或许高官厚禄、巨额钱财在顷刻之间就会离你而去，荣耀风光成为黄粱一梦。人生短短几十载何必活得这么辛苦？

富贵荣华生不带来，死不带走。如果我们看破了这一点，对于世间的荣华富贵不执着和贪恋，那么我们的心中自然就会平静如水。

得意和失意会在瞬间转换

生活中，人人都会有得意的机会：功成名就，我们可以得意；晋级加薪，我们可以得意；被上司赏识，我们可以得意；被同事称赞，我们可以得意。

但是，得意，不能忘形，因为得意和失意往往会在瞬间转换。

《伊索寓言》里有一篇《蚊子与狮子》，讲的是一只蚊子在狮子身上乱叮咬，狮子却拿它没办法。那只蚊子认为它很了不起，奏起凯歌，当得意忘形的飞舞时，一不小心撞进蜘蛛网里。临死前，它感叹道："我曾经打败过庞大的狮子，没想到今天竟死在一只小小的蜘蛛手上。"它悔不当初，可是一切为时已晚，蚊子最终成了蜘蛛的盘中餐。

通常来说，人在得意的时，就很容易自我感觉良好，虚荣心会迅速膨胀，甚至变得眼高于顶，忘乎所以，这就常常会使人和事由盛转衰，甚至一败涂地，出现乐极生悲的悲惨局面。

当然，一般情况下多数人都是不能免俗的。因此，如果得意，可以高兴一下，把握好度就行，但不能过于得意，更不要忘形。而且，不能光只是高兴，应该想想怎么才能维持好运，永葆成功。

学会正确地比较

你一定还记得，小时候吃东西，如果有其他小朋友在旁边，自己吃得总是会很香，要去别人家吃饭，那就吃得更香了。

不要认为只有小时候才干这种可笑的事，长大后依然还会觉得别人的东西好吃些。也许是因为自己家的饭菜总是老一套，需要换换口味、尝尝鲜，也许是因为吃别人的东西不必心疼，总之就是自家的东西总是没别人的东西可口，即使是完全一样的东西。

大人总是比小孩子要复杂得多。小孩只是觉得别人的食物和玩具好，而大人则远不止这些。别人的男友浪漫大方；别人的女友温柔可爱；别人的丈夫体贴幽默；别人的妻子贤惠性感；别人的孩子聪明乖巧。

我们总是似乎觉得熟悉的东西价值更小一些，而对新奇的东西会有更浓厚的兴趣，这是一种本能，与生俱来。它有积极的作用，如果没有它，人人都毫无进取心了；但它也会使我们不重视已经拥有的，去追求不属于自己的东西。

人总是会不由自主地和别人比较，特别是比较别人有的，而自己没有的东西；即使自己和别人都有，可是由于自己不怎么自信，还是会觉得别人的东西比自己的好。

斯坦福大学心理学家亚历山大发现，大多数人都容易看不到别人的“不好”，因此，总觉得自己过得没别人好。其实，难念的经不仅是家家有，而是人人有，每个人都各不相同，也没有太大的可比性。盲目地拿自己的不幸与别人的幸福比，只会打击自己的信心，给自己增加一些无谓的烦恼。

每个人选择的人生之路不一样，幸福和成功的角度也会各有不同。当你对别人“羡慕嫉妒恨”的同时，说不定也有别人在对你“羡慕嫉妒恨”呢！因此，我们要调整心态，学会珍惜，学会自信，学会正确地比较。

开车也能改变心态

有的人是谦谦君子，比较注重自己的言行，从来不说脏话，可是一旦学会开车，也许很快就像变了一个人，学会了满嘴脏话；有的人平时就爱爆粗口，但等到学会开车以后才发现自己以前并不怎么会骂人。

汽车改变生活，开车改变心态。无论是淑女还是绅士，自打成为“驾车一族”后，往往发现自己如墨菲定律所说，一上路就耐心渐失、脾气见长：堵车和路况不佳时要骂人；看到别人违章，影响了自己要骂人，没影响自己也要骂人；周边车辆加塞或者超车要骂人；遇到新手开车不懂规则要骂人；步行者和骑自行车的人惹了你，要骂人；比你的车便宜的车惹到了你，要骂人；比你的车贵的车惹了你，更要骂人。

调查显示，很多“驾车一族”几乎每天都是开一路、骂一路，有的甚至斗气、暴怒，发展成为“路怒症”患者。“路怒症”顾名思义就是带着愤怒去开车，指汽车或其他机动车的驾驶人员有攻击性或愤怒的行为。

如，2007年10月，一名莫斯科司机，因为嫌过斑马线的行人步子太慢，并且对他的喊叫不加理睬，便异常愤怒地掏出手枪，瞬间就射倒了3个行人。“路怒症”虽然还算不上疾病，却是一种不安定情绪的有害累积，长此以往，驾车者常常不自觉地将种种导致不快的负性因素积累起来，久而久之，开车时会习惯性地产生负面情绪，甚至引发负性因素大爆发，导致情绪失控危及他人。

消除“路怒症”，要从调整心态开始，如：培养宽广的胸怀，凡事不要太计较，抑制好胜心，克制报复欲。此外，还可以在车内稍作布置，使其温馨舒适；随身可带零食、饮料等犒劳自己，或者将家人的照片放在车里显眼的地方，让自己的心静下来。

不要跟无生命的物体较劲

怨恨是人对受到深深的、无辜伤害的自然反应。但墨菲定律提醒我们，无论是被动的还是主动的，怨恨都是一种郁积着的邪恶，它窒息着快乐，危害着健康。它未必能伤害到别人，却从多方面伤害着怨恨者。

生活中，可能会有很多人有心或无心地伤害了你，如果你要逐个去报复的话，那你就会生活在痛苦的仇恨里。

这个故事发生在18世纪：美国路易斯安那州的一个农场里住着农夫弗兰克和他的一家人。一年秋天，他去镇里卖粮食，家里却发生了一场惨祸，他的妻子和五个孩子被一伙盗贼杀死了！警察局抓到了三个人，但主犯却逃脱了。弗兰克愤怒欲狂，他发誓，一定要抓到那个杀人犯，给家人报仇。就这样，弗兰克追查了整整33年，终于在德州的一个小镇里发现了那个人的踪迹，而此时弗兰克已经是67岁的老人了。他踢开了杀人犯小屋的门，冲了进去，却发现那盗贼正躺在床上痛苦地喘息，他马上就要死去了！那苍老的吓人的盗贼乞求弗兰克一枪打死他。弗兰克没有那样做，他离开了小屋，坐在路边失声痛哭，他耗费了自己一生最好的光阴，结果得到的竟然是这样一个结局。

弗兰克的经历真是一个悲剧，33年的时间里，他的生命里除了怨恨一无所有，而他得到了什么呢？一个衰老快要死去的仇人。他的报复对那个仇人来说甚至是解脱，那他这么多年的仇恨有什么价值呢？

千万不要拿别人的错误惩罚自己，它会使你的生活失去秩序，行为越来越极端，最后受伤害的还是你自己。憎恨别人就像为了干掉一只老鼠而不惜烧毁你自己的房子，但老鼠不一定被干掉。其实人生没有多少事值得斤斤计较，因为人生本来就没几件大事。

墨菲定律还告诉我们，不要跟无生命的物体较劲。可是，生活中就有人不仅和人计较，而且和没有生命的物体都计较。比如，有的人打不开盒子，就怒气冲天，把盒子摔破；电脑出了问题，就冲电脑撒气，甚至把电脑砸掉。试想一下，对人生气其实是没必要的，和没有生命的物体生气就更显得可笑了。

一个事事斤斤计较的人，会失去很多东西。如果有一颗宽容的心，不去计较那些琐事，就能够把现实世界中的世道人心看得清清楚楚、明明白白，在生活中找到幸福的真谛。

培养你的心胸和自信

自尊心是尊重自己，维护自己的人格尊严，不容许别人侮辱和歧视的心理状态。自尊既包括对获得能力、本领、信心、成就、独立和自由等的愿望，也包括来自他人的敬重，如：威望、承认、接受、关心、名誉等。

人都是应该有自尊心的，正确的自尊是一种积极健康的心态。但什么事都是过犹不及，自尊心太强不是好事。一般这样的人会比较敏感多疑，对旁人的一些语言或行为产生过度反应。墨菲定律认为，极强的自尊都是来自强烈的自卑。由于自卑，怕别人看不起，所以才会用更强的自尊来保护自己，让自己免于伤害。但是按照墨菲定律的规律，越是这样，越是难以得到别人的尊重。而由于无法得到别人尊重，自卑的人就越是容易用强烈的自尊心保护自己。如此，便形成了恶性循环。

其实，每个人都有自卑，也都有自尊。在我们内心，自卑与自尊经常会发生冲突，但善于调整心态的人，能平衡好二者之间的关系，显得平和、从容、淡定和自信；而心态不好的人，则在极其自卑与自尊间苦恼、挣扎，有的用封闭的方式固守一片小天地保护自尊，有的用自以为是的方式掩盖自卑，从而获得虚假的自尊；还有的用激烈的反应维护自尊，在不自觉中伤了自己，也伤了别人。

要想得到别人的尊重，一方面需要自己尊重自己；另一方面也要尊重别人。如果总拿自尊当自卑的遮羞布，也就无法做到尊重别人；而不尊重别人的人，自然也得不到尊重。因此，我们应放下过度的戒备，培养宽广的心胸和扎实的自信，用自己的修养和实力赢得别人的尊重。这不仅有利于满足自己的自尊需求，而且能提高自信心，从而拥有一个良好的心态。

3

Chapter 3

坏情绪会传染，但也可以被管理

失败是迈向成功的铺路石

在人生的道路上，很多人有着远大的目标。可是当他们选择了所追求的目标之后，是否准备好了去实现它的毅力？因为目标的实现光靠聪明是远远不够的，还必须培养不怕输的心态。不怕输，结果未必能赢。但是怕输，结果则一定是输。

人可以被打倒，但是被打倒后能够站起来，就是一种自我的超越和精神的升华。面对失败的重创，可以坦然待之，厚积力量重新开始。这样的人即使被打倒，也永远都不会被打败。可以被打倒，但一定要站起来。因为只要你站起来的次数比倒下去的次数多上哪怕一次，那就是成功。

中途放弃比继续前进确实要轻松容易得多。但是，退却是没有成功可言的。实际上，对大多数人来说，面临的最大敌人往往就是自己，他们总是怕输，进而用减少尝试，或者用根本就不尝试的办法去避免失败。

当你失败时，要对过去的失误保持正确的哲学观。其实，我们所经过的每一次失败，都是迈向成功的铺路石，它或者为我们的前进道路扫除了障碍，或者告诉我们这是一条弯路、需要绕行。如果能将自己的失败看成是很有价值的投资，带上这笔财富继续开始下一轮的挑战，那这段经历就会成人生不可磨灭的亮点。因为这些失败能教会我们太多太多的东西，让我们变得更加成熟，而且成功都是经过了若干挫折和痛苦的失败后才获得的。

犹豫不决会失去成功的机会

成功应该用果断和勇气去争取。我们在面对一些难以取舍的问题时，慎重考虑，但是不能犹豫不决。因为一个人的精力是有限的，时间更是不等人，优柔寡断也会使人丧失许多机会。

歌德有句名言：长久地迟疑不决的人，常常找不到最好的答案。

这句话告诉我们，做任何事都要当机立断。如果一个问题拖拉很长时间也难做出决定，那么，这个机会可能早已过去了。“没有机会”“错过机会”，所有失败者都可以用此来作为推脱之词，似乎人生的成败唯在于机会的有无似。其实机会无处不在，只不过正像有些人所说的，不是没有遇到好机会，而是没有抓住它。

机会之门对每个人都公平的敞开着，但它钟情于那些有准备的人，更钟情于果断的人。犹豫不决，整天胡思乱想坐等机遇的人，都是被机遇抛弃的人。这种人总是没有机会，即使机会光临他们，他们也会因犹豫不决而任其溜走。

每一个想成功的人都应该认识到，机遇如电光石火，唯有果断才能抓住它，而犹豫只能眼睁睁看着机遇从身边溜走。正如奥斯丁·普尔普斯说：“当机遇降临时要果断、及时地把握它。”墨菲定律告诉我们，思前想后、犹豫不决固然可以免去一些做错事的可能，但也会让我们失去成功的机会。

好事情总是为等待它们的人来临，但是，不要等太久，它们会擦肩而过，就像两艘夜航的船，再也回不到本可以相逢的那个刹那。

幸运喜欢光临勇敢的人

世界上没有万无一失的成功之路，动态的社会总带有很大的随机性，各种要素往往变幻莫测，难以捉摸。过于小心谨慎，就会处处谨小慎微，让我们止步不前。

适当的冒险是成功的重要条件之一。险中有夷，危中有利，要想有卓越的成就，就应当敢冒风险。既有成功的欲望，又不敢冒险，如何能够实现伟大目标？所以，一旦看准，就要大胆行动。幸运喜欢光临勇敢的人。冒险是表现在成功者身上的一种勇气和魄力。冒险与收获常常是结伴而行的，希望成功又怕担责任、冒风险，往往就会在关键时刻失去良机，因为风险总是与机遇联系在一起。而机遇稍纵即逝，过度的谨慎就会失去它。

放手一搏好于坐以待毙。钱损失了还是能赚回来的，唯有时间是不可能赚回来的，不管成功与否，总要有对自己人生的一个交代。人生，应当如大海的波涛，既有高高的波峰，又有深深的波谷，在连绵不断的起伏跌宕中谱写激昂的人生之歌。没有风浪，平静如一潭死水的生活，又有多少荡人心魄的力量？有多少可以引起自豪的成分呢？

对于强者来说，“无险不足以言勇”。因此，一个真正的强者，厌恶平淡无奇的生活，他们渴望冒险，希望在生活中掀起巨浪，喜欢充满传奇色彩的浪漫生活。从这个意义上说，敢不敢冒险，正是区别强者和弱者的标志之一。

不要因忙碌而忘记梦想

这条墨菲定律是大多数人的真实写照。遥想当年，青春年少时，我们每个人都心怀自己的梦想。有的人梦想成为爱迪生一样的发明家，有的人梦想成为备受瞩目的好莱坞明星，有的人则梦想成为政客、作家、亿万富翁、建筑师、设计师……

但现代社会生活节奏日益加快，竞争压力也越来越大，在匆匆忙忙、周而复始的生活里，人们感叹“现实迎面而来，梦想抱头鼠窜”。

一个每天营营役役的男人也许已经忘记了他曾经梦想成为一名长跑运动员。他现在连上楼梯都喘气，每天只会计算赚了多少钱。

一个两子之母年少时的梦想是成为舞蹈家，在谈恋爱和结婚之后，她就忘记了。生了孩子之后，她有更多借口不跳舞。如今，她的腰围比胸围还大，已经舞不起来。

人可以没有美好的生活，但不能没有美好的梦想。无论梦想是大是小，是尊贵还是卑微，它都是每个人心中最崇高的向往。黎巴嫩诗人、画家纪伯伦说得好：“我宁可做人类中有梦想和有完成梦想的愿望的、最渺小的人，而不愿做一个最伟大的、无梦想、无愿望的人。”我们都拥有自己不了解的能力和机会，都有可能做到未曾梦想的事情

其实，不管你的梦想是大是小，是俗是雅，只要它不是邪恶的，那么怀揣美好梦想的人就是幸福的。那些通过努力实现梦想的

人更让人羡慕和敬仰。

我们要为了梦想而忙碌，不要因为忙碌而忘记了梦想。每个人都应该珍惜自己的梦想，不要随意丢弃，轻易放弃，将它遗忘在岁月的角落里不理不睬，任厚厚的灰尘封住那四射的光芒。大家都打算做事，大家也都做了，可是没有几个人做的是他当初打算做的事。

你真正想要的是什么

忙忙碌碌是一种病，病根就在目标太多。美国一位著名心理学家认为：现代人之所以活得很累，心理很容易产生挫折感和种种焦虑，甚至不快，是因为迷失和被淹没在各种目标中。

目标是我们人生的目的地。有了一个明确的目的地，就有了方向，也就可以心无旁骛，就不会把金子般的光阴浪费在无关宏旨的事情上。但是，如果一个人的目标太多，难免要四处奔走，疲惫不堪。

墨菲定律认为，人对生活的迷失都是所要或所想的太多，而又一时达不到目标造成的。

一个人的精力是有限的，把精力分散在好几件事情上，不是明智的选择，而是不切实际的考虑，因为在通常状况下，这几件事情都不会做得很好。而如果每次我们专心地只做好一件事，精力便能够集中，也必定有收益。

狮子追赶猎物时，会盯紧前面的目标穷追不舍，即使身边出现其他猎物，距离更近，它也不会改换目标。难道狮子的视野不开阔吗？难道狮子不想得到很多个猎物吗？不是的，狮子追赶猎物，不仅是速度的较量，也是体能的较量，只要盯紧前面的目标，当猎物跑累了，很可能成为狮子的美餐。如果狮子改换追击目标，新猎物体能充沛，跑得更快，更持久，捕获的可能性更小。

如果目标太多的话，只会令你眼花缭乱，筋疲力尽，最后失去目标。因此，我们得坐下来，把它们都写在纸上，逐个分析它们，问自己的内心：你真正想要的是什么？什么才是你人生中最主要的？慢慢地，你会找到自己最想要也最适合自己的目标。然后，将其它的目标删掉，别再胡思乱想偏离正确的人生轨道。

做事专注，才能深入其中

很多人都有这样的经历：玩游戏的时候，得到最好分数的时候，往往是自己一个人玩的时候，而如果你想骄傲地向别人展示一遍，很难再得到那么好的分数了。类似的墨菲定律让人懊恼，但很少有人深究其因。

那么，为什么会这样呢？主要原因就在于，一个人玩的时候无人打扰，我们可以专心致志、心无旁骛地玩这个游戏。

心理学研究表明，当一个人高度专注于此时此地此事，就会像被催眠那样，时空感觉变得扭曲，潜能就会得到开发。那些学习成绩和工作业绩真正突出的人，都是在时空扭曲的状态下获得成功的，他们坐下来连续学习或者工作几个小时，却感觉只学习或者工作了一会儿，一点也不觉得疲倦，甚至达到废寝忘食的地步，成绩自然会大幅提高。“只有偏执狂才能成功”也说明了这个道理。

成功是人人渴求的，但成功又不是人人都能如愿的。通向成功的道路往往并不平坦，影响成功的因素复杂多样。现实生活中常常会看到这样的情形：有的人对学业、工作、事业专心致志，不懈努力，不受外界诱惑的干扰，扎扎实实地向着既定目标迈进，最终获得了“好分数”；而有的人却经不起诱惑，见异思迁，对学业、工作、事业缺乏一种专注精神，结果是一事无成。

曾有这样一幅漫画：一青年挖井找水，挖了四五个深浅不一的坑，都没有出水，正准备挖新的“井”。画面下部的文字反映了他的心思：这下面没有水，再换个地方挖。而事实并非如此，如果那些“井”再深挖一些，就会找到丰富的水源了。

一滴从岩石滴下来的水看来微不足道，然而长年累月地滴，却能造成奇迹。如果我们在学习或是工作上不专注，浅尝辄止，我们将没有什么突出的特长。得妄想症的人普遍注意力不集中，不会成功。

法国作家莫泊桑，很小就表现出了出众的聪明才智。一天，莫泊桑跟舅父去拜访他的好友——著名作家福楼拜。舅父想推荐福楼拜做莫泊桑的文学导师。可是，莫泊桑却骄傲地问福楼拜究竟会些什么。福楼拜反问莫泊桑会些什么。莫泊桑得意地说：“我什么都会，只要你知道的，我就会。”

福楼拜不慌不忙地说：“那好，你就先跟我说说你每天的学习情况吧。”

莫泊桑自信地说：“我上午用两个小时来读书写作，用另两个小时来弹钢琴，下午则用一个小时向邻居学习修理汽车，用3个小时来练习踢足球，晚上，我会去烧烤店学习怎样制作烧鹅，星期天则去乡下种菜。”说完后，莫泊桑得意地反问道：“福楼拜先生，您每天的工作情况又是怎样的呢？”

福楼拜笑了笑说：“我每天上午用4个小时来读书写作，下午用4个小时来读书写作，晚上，我还会用4个小时来读书写作。”

莫泊桑不解地问：“难道您就不会别的了吗？”

福楼拜没有回答，而是接着问：“你有什么特长，比如有哪样事情你做得特别好的？”

这下，莫泊桑答不上来了。于是他便问福楼拜：“那么，您的特长又是什么呢？”

福楼拜说：“写作。”

莫泊桑这才意识到，特长便是专心地做一件事情。他下决心拜福楼拜为文学导师，一心一意地读书写作，最终取得了丰硕的成果。

做事专注，才能深入其中，发现和掌握其中的诀窍，使自己在某一领域取得杰出的成就。不仅如此，专注这把神奇之钥会构成一股无法抗拒的力量。它将打开通往财富和高效之门，在很多情况下，它会打开通往健康之门，它也将打开通往教育之门，让你进入你所有潜在能力的宝库。所以，我们要记住这条墨菲定律，培养专注精神，使我们变得更投入，更高效，更富有成果，也更健康。

致富一定要勤劳

许多人认为，勤劳可以致富，甚至觉得勤劳必然能致富。但是墨菲定律告诉我们，勤劳也未必能致富！现实生活中那些每天为工作劳碌奔波的劳动者，又有几个真的致富了呢？还有很多同样执着，同样兢兢业业，辛苦付出的创业者，但最终也未必能获得成功。

勤劳确实很重要，但它只是致富的必要条件而非充要条件，致富不仅需要勤奋，还需要很多因素，如智慧、能力、胆识、目标、特长、资产、信息、政策、人脉、努力程度，还有正确的自我认知和自我定位等。

勤劳虽然不一定能够致富，但致富一定要勤劳。懒惰是人的本性之一，稍不留神就会流露出来。克雷洛夫告诉我们：恶劳好逸，人之常情。正因这是人之常情，所以大多数人没有致富。每个人都有允许自己偷懒的时候，但是富人与穷人的区别在于对待偷懒行为的不同方式。富人在心里有一个目标，也有一条准则，准则督促着自己不要懒惰，要向目标不断迈进。而穷人则放纵自己的懒惰，并任由懒惰成为一种习惯，仿佛在享受一种闲适，其实在虚度自己的人生。

科学研究表明，懒散消沉、不思进取，对身体和心理都非常有害，主要体现在以下几方面：

（1）身心疾病：惰性产生的消极心理会影响内分泌功能，而内分泌功能的改变又会增加人的紧张心理，形成恶性循环，导致身心疾病的发生。

（2）思维迟钝：惰性使大脑机能得不到充分发挥，大脑内啡肽及脑内核糖核酸等生物性物质的水平降低。长此以往，则使大脑功能逐渐退化，思维及智能逐渐迟钝，分析判断能力下降。

（3）免疫力下降：人体的免疫功能与运动密切相关。懒散者活动较少，四肢惰怠，久而久之，会使肌体内的免疫功能变得弱化。

懒惰的伤害是全方位的，它永远是诱惑的温床、疾病的摇篮、幸福的终结者、德行的坟墓。所以，你即使不想成为富人，也应该同懒惰作斗争。

改造世界的直接动力是行动

有梦想、有目标，做起事来才能有方向，而对于如何追逐梦想、实现目标，制定一套切实可行的计划也是必需的。但有了良好的愿望和合理的计划不能将它们束之高阁，而要有实际的行动。

人有两种基本能力：思维能力与行动能力。没有达到自己的目标，往往不是因为思维能力，而是因为行动能力。只有行动才能产生结果，只有行动才是成功的保证。任何远大的目标、科学的计划，最终必须落实到行动上才能起作用。

本杰明·笛斯瑞利曾说："虽然行动不一定能带来令人满意的结果，但不采取行动就绝无满意的结果可言。"在这个世界上，改造世界的直接动力是行动，而不是想法。不管我们心中的想法多么美妙，只有通过行动才能够变成现实。

有个笑话相信很多人都知道。

有一个人每隔三两天就到教堂祈祷，而且他的祷告词几乎每次都相同。第一次他到教堂时，跪在圣坛前，虔诚地低语："上帝啊，请念在我多年来敬畏您的份上，让我中一次彩票吧！阿门。"

几天后，他又垂头丧气回到教堂，同样跪着祈祷："上帝啊，为何不让我中彩票？我愿意更谦卑地来服侍你，求您让我中一次彩票吧！阿门。"

又过了几天，他再次出现在教堂，同样重复他的祈祷。如此周而复始，不间断地祈求着。到了最后一次，他跪着说："我的上帝，为何您不垂听我的祈求？让我中一次彩票吧！只要一次，让我解决所有困难，我愿终身奉献，专心侍奉您……”

就在这时，圣坛上发出一阵宏伟庄严的声音：“我一直垂听你的祷告。可是最起码你也该先去买一张彩票吧！”

路不行不到，事不为不成。幻想仅需用大脑去构思，梦想则需用行动去追求。只有走进丛林，才能呼吸缕缕绿色空气；只有涌入海洋，才能体验阵阵蓝色清凉；只有翱翔蓝天，才能抚摸朵朵白色浪漫。想成功，必须谨记这条墨菲定律，放弃空想，立即行动起来，朝着自己的目标前进。

敌人恰恰是你最好的帮手

在我们的生活当中，多多少少都会有几个阻拦我们的敌人。他们在我们原本顺畅的人生路上下绊子，在我们的功绩上抹黑；他们暗中操纵，时刻准备给你致命一击。但是往往就是因为这些人，我们才更加的奋发向上，孜孜不倦。

墨菲定律告诉我们，人生不可没有敌人。令人厌恶的敌人，恰恰就是你的最好帮手。

曾读过这样的故事：有人见到草原上的鹿被狼吞食的惨状，就把狼全部消灭了。结果鹿群繁殖过快，草地啃没了，鹿群疾病丛生，面临着灭绝的危险。一个聪明的生物学家，建议重新引进狼。在狼的追逐、吞食中，鹿重新跑起来，鹿群体逐渐恢复健康，优胜劣汰，使鹿群数量减少，草地重新恢复。鹿群整体灭亡的危机安然度过。

没有天敌的动物往往最先灭绝，有天敌的动物则会逐步繁衍壮大。敌人只在两种情况下攻击，你有准备的时候和你没有准备的时候。大自然中的这一现象对人类社会也同样适用。人，都有一种与生俱来的惰性。只有克服这种惰性，人们才能获得成功。那么是谁帮助我们克服了它的阻碍呢？是的，正是我们的敌人，无时无刻不在威胁着我们的敌人。

或许每个人都不希望有一个强大的对手，但是每个人却又不得不拥有一个强大的对手。感谢你的敌人吧！正因为他们的存在，才使我们有了危机感，使我们变得越来越强大。

突破惯性思维，就会获得成功

人们往往会受到思维定式的限制，一旦碰到用现有方法解决不了的事情，就一筹莫展。其实，如果你熟悉这条墨菲定律，你就会懂得：无法解决的问题背后可能蕴含着难得的机会，只要你能突破惯性思维，就会获得意想不到的成功。

20世纪初，美国史古脱纸业公司买下一大批纸，因为运送过程中的疏忽，造成纸面潮湿，产生皱纹而无法使用。面对一仓库将要报废的纸，大家都不知道该如何是好。在主管会议上有人建议将纸退还给供货商以减少损失，这个建议几乎获得所有人的赞同。史古脱问他们，这是因为我们的疏忽而造成的后果，供货商可能痛快地接受退货吗？大家都面面相觑，谁也没有办法。

史古脱觉得，这可能是一个机会。经过一段时间的思考与反复实验，最后，他决定在卷纸上打一排排小洞，让纸容易撕成一小张一小张的。史古脱将这种纸命名为“桑尼”卫生纸巾，卖给火车站、饭店、学校等机构。意想不到的是，这种卫生纸相当好用而大受欢迎。从此，卫生纸巾风靡全球。

我们常常会遇到难以解决的问题，有的人会选择放弃，有的人会选择不达目的不罢休，而有的人会改变思路，寻找解决问题的新角度。毫无疑问，最后一种人是最有可能解决问题，并有大的收获的人。

感兴趣的路未必是适合的路

兴趣，是指人对事物的特殊认识倾向。人生的成功和个人兴趣紧密相连，做自己真正有兴趣的事情会离成功更近。从心理学角度讲，兴趣是人的需要的心理表现，它使人对于某些事物优先给予注意，并带有积极的感情色彩。兴趣起源于个体的需要，在社会实践中形成，这种内在的个体心理倾向可以在人的心理和行为中发挥积极作用，使你长期专注于某一方向，做出艰苦的努力，取得令人瞩目的成绩。

所以，人都说兴趣是最好的老师，然而，墨菲定律指出，即使最好的老师也免不了有一些差学生。兴趣主要起到黏合剂和催化剂的作用，如果一个人对某件事非常感兴趣但却不擅长、不合适，他的兴趣再高也很难成功。

感兴趣的路，未必就是适合自己走的路。现实生活中，不少人只顾做梦，却常常忽略了对自己的审视，不注重对自己的综合素质进行分析和论证，而后找一条最有利于发挥自己潜质的道路。

我们不否认兴趣对成功的积极作用，但也不要认为有兴趣就能成功。假如你很想成为量子物理学家但天生对数学木讷，假如你非常向往成为一个外科医生但一看到血就会晕倒，最好另做打算。否则，兴趣这个最好的老师就会多一个差学生。

生命就是不断选择与放弃的过程

要想获得成功，必须执着，坚持自己的人生目标，永不放弃。但这是有前提的，只有目标是正确的，是适合自己的，坚持下去才会取得胜利。如果像这条墨菲定律所说，梯子搭错了墙，那就不要坚持爬到梯子的顶端了。

在这个世事难料的世界，种种的原因都可能会制约着其梦难圆。对于那些错误的目标，该放手的时候就要明智地放开手。明知道这是一条走不通的死胡同，却还要继续往前走，面对的也许只有痛苦与浪费。

人生命的过程，就是一个不断选择与放弃的过程，固执地“一条道走到黑”并不明智。放弃并不适合自己的目标，转向自己适合走的那条路，你的生命才可能获得它的最大值。

很多的时候，年轻时我们并不知道自己想要的是什么，只觉得很美好，等到撩开神秘的面纱，才发现不是自己想要的。也或者，我们知道自己想要什么，但由于各种因素的影响，我们选择了“曲线救国”，用一生的时间走曲线以期达到原来的目标，然而等到最后，蓦然发现，自己选择了一条错误的路，不知不觉的在追求的道路上慢慢偏离了初衷，渐行渐远，直到最后与年少时的梦想分道扬镳。

选择正确的方向，往往比跑得快更重要。莱纳斯·波林说：“一个好的研究者知道应该发挥哪些构想，而哪些构想应该放弃，否则，会浪费很多时间在差劲的构想上。”其实不仅是研究者，我们每个人都应该记住这句话。

可是，大多数人当走过了职业生涯一大段路程以后，才开始问自己，这件事能成功吗？

无论目标是否正确，我们一旦开始就要花费很多时间。人的时间是十分有限的，在有限的时间内，应及时确立目标，反省目标，对于错误的选择应及时纠正，审慎地做出正确的判断。毫无疑问，我们不应轻言放弃，因为成功常常孕育在再坚持一下的努力之中。但是，有些情况中你已经付出了最大的努力，却未取得理想的结果，这就需要我们认真考虑一下：如果选定的方向并不适合自己，就需要早点从“梯子”上下来，把“梯子”架到正确的“墙”上去。这时就不要再抱怨自己好不容易才到梯子的顶端了。

忘记昨天，松绑自我

人人都想成功，不想失败。当我们成功的时候，总是想让尽可能多的人知道，最好全世界的人都知道，因此即使已经有不少人知道了，我们仍然觉得“不为人知”；而当我们失败的时候，总是想让尽可能少的人知道，最好没人知道，所以即使只有区区几个人知道，我们仍然觉得“众目睽睽”，已经传到千里之外了。所以这条墨菲定律才如是说。

其实，是不为人知还是众目睽睽，不在于客观而在于主观，不在于别人的眼光而在于自己的心态。

在这个世界上，许多人喜欢拿昨天和今天来比较，让自己沉迷于过去的成绩，或是笼罩在过去失败的阴影中。这无疑是作茧自缚。

为此，我们应该学会让自己的内心归零，忘记昨天，松绑自我。归零，意味着珍惜今天，走好脚下的路；归零，意味着畅想明天，迎接新的曙光。

及时归零，才不会在成功后背上沉重的包袱。只有把过去的“光辉”归零，才能避免思维固化，谨小慎微，循规蹈矩，甚至是抱残守缺，从而适应新环境，接受新事物，创造新成绩，实现新突破。只有把过去的“成绩”归零，才不会沾沾自喜，忘乎所以，自我膨胀，才能以平常心对待已有的成绩，把原来的成功当成新的起点，瞄准新的目标，挖掘新的潜力，洞察新的机会，攀登新的高峰。

及时归零，才不会在失败面前低头。对于失败，遭遇一次，相信不少人都会坚强站起来。但如果屡遭失败，或许就会有人逃避退缩、有人自我怀疑、有人意志消沉、有人抱怨不公，有的甚至是“一朝被蛇咬，十年怕井绳”，失去了面对困难的勇气，最后被失败彻底击溃。这些人与其说是被失败击溃了，还不如说是缺乏归零心态而被自己不良的心理击败。面对失败，我们应敢于在心理上藐视它，将其统统归零；在行动上重视它，冷静分析、找出症结、制定对策，然后以轻松的心情开始新的尝试，昨天的烦恼和失败就会很快如过眼云烟飘散而去，迎接自己的将是成功的喜悦。

总之，及时归零是一种人生智慧。越是归零，人生越是丰富多彩。及时归零并不是一味的否定过去，而是要怀着否定或者说放空过去的一种态度，融入新的环境，对待新的事业、新的事物。

4

Chapter 4

墨菲定律与连锁反应

发挥“支点”和“力臂”的作用，创造自己的辉煌

1.达成国家目标的财务杠杆

第二次世界大战以后，为了提升欧洲国家政治和经济地位，欧盟决定发行统一货币，即欧元。欧元是自罗马帝国以来欧洲货币改革最为重大的结果。

“在呼吁所有国家都需要转变财政政策和货币政策方面，我们领导了世界。”当英国首相布朗在唐宁街举行的月度新闻发布会上说出这番话的时候，一定没有想到不久后会发生这样的事——2008年12月中旬，在伦敦的找换店中，英镑兑欧元的汇率牌价已低至1.0532欧元，扣除手续费及佣金后，实际汇率低至0.918欧元。

欧元的推出不仅使欧洲单一市场得以完善，欧元区国家间自由贸易也更加方便，成为欧盟一体化进程的重要组成部分。当然，欧元的推出，需要相应的财政政策做支撑。欧盟早在推出欧元之前，于1991年12月就通过了《欧洲经济与货币联盟条约》，要求加入欧元区的国家政府财政赤字不能超过GDP的3%，政府债务余额不能超过GDP的60%。2003年时任德国财政部副部长的麦考·威瑟到中国访问时曾表示：“这两个数字不是变魔术变出来的，也不能说有什么科学的演算方法，这两个数字是长期讨论的结果。”经过与有关国家的讨论和磋商，欧盟最后才决定采用3%和60%这两个财政趋

同标准。

为什么欧盟国家要采用一定的财政政策以支持欧元？因为财政政策可以调节货币总需求。金融学中关于财政政策的明确含义是指国家根据一定时期政治、经济、社会发展的任务而规定的财政工作的指导原则。如税收对国民收入是一种收缩性力量，增加政府支出，可以刺激总需求，从而增加国民收入；反之则压抑总需求，从而减少国民收入。

财政政策主要有以下几种：

（1）税收。主要通过税种、税率来确定和保证国家财政收入，调节社会经济的分配关系，以满足国家履行政治经济职能的财力需要，促进经济稳定协调发展和社会的公平分配。

（2）国家预算。主要通过预算收支规模及平衡状态的确定、收支结构的安排和调整来实现财政政策目标。

（3）财政投资。通过国家预算拨款和引导预算外资金的流向、流量，以实现巩固和壮大经济基础，调节产业结构的目的。

（4）财政补贴。它是国家根据经济发展规律的客观要求和一定时期的政策需要，通过财政转移的形式直接或间接地对农民、企业、职工和城镇居民实行财政补助，以达到经济稳定协调发展和社会安定的目的。

（5）财政监察。是实现财政政策目标的重要行政手段。即国家通过财政部门对国有企业事业单位、国家机关团体及其工作人员执行财政政策和财政纪律的情况进行检查和监督。

（6）财政立法、执法。是国家通过立法形式对财政政策予以法律认定，并对各种违反财政法规的行为（如违反税法的偷税抗税行为等），诉诸司法机关按照法律条文的规定予以审理和制裁，以保证财政政策目标的实现。

（7）财政信用。是国家按照有偿原则，筹集和使用财政资金的一种再分配手段，包括在国内发行公债和专项债券，在国外发行政府债券，向外国政府或国际金融组织借款，以及对预算内资金实行周转有偿使用等形式。

2.“经济男”娶个“杠杆女”

有一天，古希腊著名数学家、物理学家阿基米德，对叙拉古的国王说：“如果给我一个立足的地方，我将移动地球！”国王一听，感到非常吃惊，于是对他说：“好呀，那你给我表演一下吧。刚好那边有一艘大船，随便你用什么工具和机械，只许你一个人，把这艘船推下水吧！”

阿基米德叫工匠在船的前后左右安装了一套设计精巧的滑轮和杠杆，并让国王拉动一根绳索，只见船慢慢地动起来，最终移到了海里。岸上的群众见此情景欢呼雀跃，国王也对阿基米德的才识另眼相看。

实际上，阿基米德是利用杠杆原理，设计了一套杠杆滑轮系统推动了大船。杠杆原理告诉我们，动力臂大于阻力臂，就是省力杠杆，利用省力杠杆，我们可以十分轻松地处置数十倍，甚至数百倍于我们自身重量的物体。

阿基米德的杠杆原理后来被经济学家所应用，成为“杠杆效应”。杠杆是一种用于投资的债务，当这笔债务用于投资，会加倍收益或是损失。“杠杆效应”使投资者可交易金额被放大的同时，也使投资者承担的风险加大了很多倍。但只要我们有效地利用“杠杆”，无论是创造财富还是在日常生活中，我们都只需付出很小的努力，就可以获得丰厚的回报；反之，则可能终生劳碌，却一无所获。

在现实生活中，一些看似平常的人，却取得了巨大的成功；而一些被普遍认为能力较强的人，却一生难成气候。其实，秘密就在于对“杠杆”的应用，对“杠杆”利用得好，就可能成就一番事业；利用得一般，也可能办成一些事情；如果放着“杠杆”不去利用，那么走向成功的希望就非常渺茫。

2009年，第28届香港电影金像奖上爆出冷门，做了20年“小弟”的张家辉终于获得影帝殊荣。和前几任影帝梁朝伟等相比，张家辉只能算一个“平民级小人物”。可在他成功的那天，我们才猛然想起，原来他的身后还有个叫关咏荷的女人。

回想当年，香港无线电视当家花旦下嫁三线小生，关咏荷就像一根杠杆，将不被人看好的张家辉一步步地扶持着走上巅峰。关咏荷牺牲事业全力支撑着张家辉，虽对方十余年来没起色，但她一直在背后默默地支持着他。

这就是“杠杆女”的付出和最终的回报。要做到能“撬”起平凡的老公或是男友，“杠杆女”有三步要走：第一步就是挖掘挑选，一旦选中他，不管他现在处于什么阶段，都当他是“大器”。第二步就是平衡协调，牺牲自己，甘做隐形人，将曾经的光彩统统遮住，用自己的力量去平衡生活中每一个环节，帮助老公或是男友平稳地走向上升空间。第三步就是高高升起，将对方送到一个令人无法企及的高度。

如果没有关咏荷，也许张家辉只是一个普通的中年男人。他幸运地遇到了命运中的“杠杆”，成就了一番事业。

在人生的道路上，我们应该充分利用阿基米德的“杠杆原理”，发挥“支点”和“力臂”的巨大作用，创造自己的辉煌。

协调作战的重要性

1.一手烂牌也能打好

恩格斯讲过一个法国骑兵与马木留克骑兵作战的例子：假设骑术不精但纪律很强的法国兵，与善于格斗但纪律涣散的马木留克兵作战。若分散而战，3个法兵战不过3个马木留克兵；若100人相对，则势均力敌；而1000名法国兵必能击败1500名马木留克兵。

实际上，恩格斯讲述的就是协调作战的重要性。虽然马木留克兵与法国骑兵各有长短，但在不同的要素组合下，最终的整体功效还是有着决定胜负的天壤之别。

其实，类似的故事在我国古代早已有之。“田忌赛马”的故事大家耳熟能详。虽然田忌的三匹马比齐王的都稍逊一筹，但由于孙膑采取的配置方法不同，结果转败为胜。孙膑也因为这次合理配置资源而得到齐威王的重用，得到更宽广的用武之地。可见，权衡利弊，合理配置资源的智慧对一个人的发展有多么重要。

从某种意义上来说，经济学就是关于资源配置的学问，研究人与社会如何做出最终合理抉择，即用最少的资源耗费，生产出最适用的商品和劳务，获取最佳的效益。人的欲望是无限的，用于满足欲望的资源是有限的，所以，决定用什么资源去满足哪些欲望，就是资源配置问题。资源配置的实质是权衡取舍，即在取舍之间实现利益的最大化。

前苏联研制生产的米格—25喷气式战斗机，以其优越的性能而广受世界各国青睐。然而，众多飞机制造专家却惊奇地发现：米格—25战斗机所使用的许多零部件与美国战机相比要落后得多，而其整体作战性却能达到甚至超过了美国等其它他国家同期生产的战斗机。造成这种现象的原因是，米格公司在设计时从整体考虑，对各零部件进行了更为协调的组合设计，使该机在升降、速度、应激反应等诸方面反超美机，成为当时的世界一流。

米格—25飞机因组合协调而产生了意想不到的效果，这一现象被后人称之为“米格—25效应”。“米格—25效应”具体是指，事物的内部结构是否合理，对其整体功能的发挥关系很大。结构合理，会产生“整体大于部分之和”的功效；结构不合理，整体功能就会小于结构各部分功能相加之和，甚至出现负值。

合理配置资源的情况随处可见，每个人都会面临各种各样的选择，生活就是在不断地“权衡取舍”。我们只有买一套衣服的预算，但同时看中了两套各具特色的衣服，究竟选择哪一套？我们攒了一笔钱，准备添置新的家具，是买一套组合柜呢？还是买一台录像机？大学快毕业了，我们是攻读研究生继续深造？还是去工作赚钱？……做这些决策的过程其实就是“权衡取舍”的过程。有所得，必有所失。正因为这样，我们在做权衡时才会感到为难。

但在选择的过程中，也有一些规律可循：人们会清楚地认识到自己面临的选择约束条件，以尽可能实现自己付出的代价最小化；每个人都会自然地做出趋利避害的决策，选择可让自己得到利益最大化的选项。

通常情况下，每个人都希望自己手头的资源越多越好，优秀资源越多越好，这样的话，就可以付出很小的成本而获得很大的收益。

2.不打错牌好过拿到好牌

成功不关乎经历与资本，而关乎如何将自身的“烂牌”或“好牌”合理利用。我们每个人也都希望自己天资聪慧、优秀卓越，就像每一个厨师都希望自己有天下最好的食材一样。然而，好料并不一定就出好菜，更多时候，我们还得看厨师的手艺，也就是将资源最优化配置的过程。自幼出众的人有可能早早就江郎才尽，而没有过人天资的普通小孩，甚至先天有缺陷的自卑儿童，最终却有可能是成大业者。

很多时候，我们可能会遇到这样的情形：觉得所有的问题都接踵而至，于是开始晕头转向，觉得为什么自己的运气会这么差呢？

其实在这种情况下，我们更需要慎重地走好每一步，在走每一步之前都要经过深思熟虑，只要不走错路，一切问题都能迎刃而解，自己的前途一样是一片光明。因为，牌局中不管你手中的牌是多么的令人不满意，如果你每次出牌都经过深思熟虑，确保不打错牌，其实胜过拿到一手好牌却招招失误！

做任何事情，都既要勤奋刻苦，也要开动脑筋想办法。傻瓜喜欢速战速决，他们不顾障碍，行事鲁莽，干什么事都急匆匆的；有时候尽管判断正确，却又因为疏忽或办事缺乏效率而出差错；在遇到难题的时候，不是积极主动地寻找方法，而是默默地待在那里，等待时间去自行解决。但是智者却不会这样，他们绝不会冲动地选择放弃，在他们眼里，放弃是最错误的做法，只要想方设法开动脑筋，深思熟虑，找到最合适的出牌法则，那些很多被认为是根本解决不了的问题同样可以解决。

稻盛和夫被日本经济界誉为“经营之神”，他所创办的京都陶瓷公司，是日本最著名的高科技公司之一。该公司刚创办不久，就接到著名的松下电子的显像管零件U形绝缘体的订单。这笔订单对于京都陶瓷公司的意义非同一般。

但是，与松下做生意绝非易事，商界对松下电子公司的评价是："松下电子会把你尾巴上的毛拔光。"对新创办的京都陶瓷公司，松下电子虽然看中其产品质量好，给了他们供货的机会，但在价钱上却一点都不慷慨，年年都要求降价。对此，京都陶瓷有一些人很灰心，因为他们认为：我们已经尽力了，再也没有潜力可挖了，再这样做下去的话，根本无利可图，不如干脆放弃算了。但是，稻盛和夫认为：松下出的难题确实很难解决，但是，屈服于困难，也许是给自己未足够地挖潜找借口，只有积极主动地想办法，才能最终找到解决之道。

于是，经过再三摸索，公司创立了一种名叫"变形虫经营"的管理方式。其具体做法是将公司分为一个个的"变形虫"小组，作为最基层的独立核算单位，将降低成本的责任落实到每一个人。即使是一个负责打包的员工，也知道用于打包的绳子原价是多少，明白浪费一根绳子会造成多大的损失。这样一来，公司的运营成本大大降低，即便是在满足松下电子苛刻条件的情况下，利润也甚为可观。

有些问题的确很棘手，想了许多办法，仍无法解决。于是，有人便认为"已是极限"，或是"已经尽力"，再去努力也是白搭。当你真正经过一番努力奋斗后，就知道所谓"难"，其实只是自己的"心灵桎梏"。解决问题的关键不在于问题本身，而在于我们没有解开自己的心结，在于我们没有用心去"想"。不怕问题困难，就怕不主动找方法。就好像一把锁总有一把对应的钥匙，每一个问题都会有解决的办法，而这把解决问题的钥匙，就在我们自己身上。

方法大师吴甘霖先生在讲座中经常提及发生在自己身上的一个故事：

一次公司放年假，吴先生准备给每位员工的妈妈买份礼物。他走进公司附近一家著名药店的分店，看中了一种补血剂，没想到只剩下两盒了，离他要求的数量还差很多。“能不能到总部进点货？”他跟售货员商量。售货员回答说：“上报，到舱，第三天才能送货。”可员工们下午就要回家探亲了，吴先生着急地问：“能不能快一点呢？”售货员们都摇头。吴先生又鼓励他们：“想想办法吧，一定能解决的。”这时，一位姓王的女售货员说：“我们可以试试给附近的其他分店打个电话，看他们有没有货。如果有的话，我们先向他们借，三天后再还。”打过电话后，问题迎刃而解，他们将几个分店的货凑起来给了吴先生。

虽然是件小事，但也充分说明：只要努力想，就一定有办法解决问题。

在面对一个难解的问题时，一句“没办法”，似乎让我们找到了可以不去想办法的理由；也正是一句“没办法”，浇灭了很多创造之花，阻碍了我们前进的步伐。

是真的没办法，还是我们根本没有好好动脑筋想办法？事实上，只要积极地开动脑筋，主动地寻找方法，用一种灵动多变的思考方式、一种随机应变的智慧去分析判断问题，就没有解决不了的问题。

在面对一个问题时，如果不积极思考，努力寻找应对之策，那么，即使你是一个天才，面对问题时，你仍会一筹莫展。所以，我们要开动脑筋，走好每一步，才能够让坏牌变成好牌！资源好不好，关键看利用。我们无须抱怨上天给我们的太少，我们能做的，就是将手上所有的资源——青春、才华、学识、相貌、人脉。以最佳的方式配置好。

3.合适的牌就是好牌

这个世界上的万物都有各自的归属——不论是美的还是丑的，高的还是低的。正如，每一对恋人无论因为什么原因而分开，都只是说明他们不适合在一起。在冥冥之中，那个适合你的一直在等你，你和她终于相遇，之后牵着彼此的手一直走下去。世界上不是看着好就真的好，合适的才是最好的，就像幸福就是猫吃鱼，狗吃肉，奥特曼打小怪兽，各有所需。

有这样一个故事：

有两只老虎，一只在笼子里，一只在野地里。在笼子里的老虎三餐无忧，在野地里的老虎自由自在。两只老虎经常进行交谈。笼子里的老虎总是羡慕外面老虎的自由，外面的老虎却羡慕笼子里老虎的安逸。一日，一只老虎对另一只老虎说："咱们换一换。"另一只老虎同意了。

于是，笼子里的老虎走进了大自然，野地里的老虎走进了笼子。从笼子里走出来的老虎高高兴兴，在旷野里拼命地奔跑；走进笼子的老虎也十分快乐，它再不用为食物而发愁。

但不久，两只老虎都死了。一只是因饥饿而死，一只是因忧郁而死。

从笼子中走出的老虎获得了自由，却没有同时获得捕食的本领；走进笼子的老虎获得了安逸，却没有获得在狭小空间生活的心境。

许多时候，人们往往对自己的幸福熟视无睹，总觉得别人的幸福很耀眼。他们想不到，别人的幸福也许对自己不适合；更想不到，别人的幸福也许正是自己的坟墓。

这个世界多姿多彩，每个人都有属于自己的位置，有自己的生活方式，有自己的幸福，何必去羡慕别人？安心享受自己的生活、享受自己的幸福，才是快乐之道。

你不可能什么都得到，你也不可能什么都去做，所以，你还要学会放弃不切实际的想法。只有学会放弃，学会知足，才能更好地把握快乐、享受幸福。

静谧的非洲大草原上，夕阳西下。一头狮子在沉思，明天当太阳升起时，我要奔跑，以追上跑得最快的羚羊；此时，一只羚羊也在沉思，明天当太阳升起时，我要奔跑，以逃脱跑得最快的狮子。当太阳升起时，狮子发现了羚羊，但追了半天也没追上。别的动物笑话狮子，狮子说："我跑是为了一顿晚餐，而羚羊跑却是为了一条命，它当然跑得更快了。"

是的，无论你是狮子还是羚羊，当太阳升起的时候，你要做的就是奔跑，不管是为晚餐，还是为生命。每个人的目的都不相同，重要的是选择适合自己的方向。

也许你奔跑了一生，也没有到达目的地；也许你攀登了一生，也没有登上峰顶。但是抵达终点的不一定是勇士，失败的也未必不是英雄。人生之路，无须苛求。只要你找到适合自己的坐标，路就会在你脚下延伸，你的智慧就能得到充分发挥。一个出色的打牌者，他拥有的牌并非总是最好的，但他能将自己手中现有的资源用到合理的地方。小牌有小牌的作用，大牌有大牌的功能，不是说最大的就最好，合适的才是最好。

生活中，有人会觉得别人做的事情非常好，就不考虑自身的条件而去跟着别人做同样的事情，却屡屡失败。比如：看着在娱乐圈大红大紫的明星们，他们受众人瞩目，假如你只是觉得这样的生活令你艳羡，就去模仿，那真的很可能耽误了你。要明白，在明星令人艳羡的光环下，是他们付出的远超出常人的努力。刘德华被誉为“不老的情人”，但是他的努力也是有目共睹的，他是一个将生命都献给舞台的人。他聪明、勤奋、坚毅，在他所有的长处中，他更适合做演员，更适合于舞台，所以他选择了，努力了，成功了。但并不是所有人只要付出努力，有了目标就可以取得胜利，首先要找准自己的坐标，如果找不准自己的坐标，那么很可能就只是做无用功。

所以，对于每一个人，乃至于一个企业来讲，都有一个最适合于自己的发展路线，只要沿着这条路线一直走下去，就会离成功越来越近。

成本与收益并不总是正比递增

1.付出并非越多越好

“一分耕耘，一分收获”，但是现实生活中，往往并不是这样，投入成本与收益的不对等，才是现实世界中的真相。在生活中，我们常常会发现边际效益递减的情况。比如在农业生产中，随着肥料的增加，农产品的产量先是递增，当达到一个浓度后，再增加肥料，农产品的产量是递减的。如果肥料太多就会把庄稼都烧死，最后连种子都收不回来。

对每个人来说，当然希望效益越多越好，但是，并不是生产要素投入越多，效益就越多。投入太多的成本，结果往往令人失望，因为成本与收益并不总是正比递增的。

当把一种可变的生产要素投入到一种或几种不变的生产要素中时，最初这种生产要素的增加会使产量增加，但当它超过一定限度时，增加的产量就会递减，最终还会使产量绝对减少。这一现象普遍存在，被称为边际效益递减规律。

“一个和尚挑水吃，两个和尚抬水吃，三个和尚没水吃”的故事，就是对边际效益递减规律最生动的写照。

根据边际效益递减规律，边际产量先递增后递减，递增是暂时的，而递减则是必然的。边际产量递增是生产要素潜力发挥，生产效率提高的结果，而到一定程度之后边际产量递减，则是生产要素潜力耗尽，生产效率下降的原因所致。

那么，如何把握生产要素投入的“度”呢？简单来说，当一次新增的成本投入不能带来更长远的更大利益时，这样的成本投入就应该放弃。这样做，我们能以最少的成本获得最大的收益。

在现实生活中，投入多少成本才能获得最佳收益，往往取决于个人的实际情况。其实，这个世界上不是什么人都能把握好度的。有的人从几只鸡开始，发展成为养殖大王；有的人投资数百万元养殖家禽，最终却亏本。把握好成本与收益的关系，不仅与个人的素质相关，还跟个人生存的环境和社会因素有关，如家庭出身的因素，所在地区的大环境、政策限制以及倾斜等软环境。

一个人在饥寒交迫的时候，得到一把米，能解决他的生存问题，他自然会感激不尽。不过，如果继续给他米，那么这个人就会觉得理所当然，慢慢变得心安理得。

我们第一次接触到某事物时情感体验最为强烈；第二次接触时，会稍淡一些；第三次，会更淡……长此以往，我们接触该事物的次数越多，我们的情感体验也越为淡漠，一步步趋向乏味。这就是边际效益递减。

一个人做一件好事并不难，难的是一辈子都做好事。生活里我们经常会遇到这样的事，当第一次帮助了某人，他会对你心存感激；第二次帮助他的时候，他的感恩心理就会淡化；数次之后别人甚至将你的付出当成是理所当然的事，一旦他所期望的帮助没有出现，反而对你心存怨恨。

2.广告边际效益递减

我们每天都要接触无数的广告。比如电视、网络、手机里的广告，以及室外建筑上挂的海报、街道两边的横幅、公交车身上的海报等，令我们眼花缭乱。此外，广告商们还通过许多其它渠道无孔不入地渗入我们的生活。可是，许多商家和广告商都不得不意识到的是：广告的边际效益是递减的。

如果广告效果越来越差，也许，商家和广告商就该反思，是不是发生了边际效益递减。

事实上，广告的边际效益递减存在很多种情况，每种情况下的原因、表现、发展都各有不同。那么在什么情况下会出现广告效果边际效益的递减呢？通过分析，主要存在以下几个方面：在一个新兴的行业里，广告的效果要比一个已经相当成熟的行业的广告效果要好得多。因为在成熟的行业，广告的边际效益受到递减的次数，要比一个新兴的行业多得多。像学习用品好记星，当年用4天的时间掀起了一个市场的关注热潮。但近几年来经过好记星、E百分、诺亚舟等诸多品牌铺天盖地的广告轰炸，已经将观众的目光和注意力瓜分殆尽，如今，几乎没有哪个新产品可以重现好记星当年的辉煌了。

但是，为了赢利，厂家和商家是不会对这种情况坐视不理的，他们纷纷推陈出新，以期望吸引观众的眼光，让观众再一次获得新鲜体验。商家可以利用某些概念和认识让消费者感觉他们的产品和目前市场上的产品截然不同。这方面的成功例子可谓不少，比如七喜汽水将自己定位为“非可乐”饮料获得了成功，成为营销史上的经典。五谷道场诉求自己是“非油炸食品”和七喜有着异曲同工之妙，虽然后来遭到了同行业的不满、攻击和投诉，但“非油炸”这个概念和品牌已深深植入了购买者的头脑中。

为什么新的品类能够改变广告的边际效益递减呢？比方说，一个行业最初的广告边际效益是100，经过一段时间后递减到50，假如在这个时机进入那个行业，那么你的广告的边际效益就从50开始递减。但如果开发了一个新的品类呢，哪怕不能达到最开始的100，也极有可能达到90。

电视上曾一度流行过年给父母送一瓶保健酒之类的极度渲染煽情的广告，感觉不买它送父母，儿女就不孝顺。当时的广告效果不错，但是一旦观众对此类广告已经见惯，那么边际效益就会递减，广告商也就只能放弃这种风格的宣传。幽默的广告在今天效果较好，这是因为不同的、成功的幽默广告就像小品，以不同的故事、情节、语言给人带来了愉悦感，这是一种创新，正是这种创新在不断抵消着广告边际效益的递减。

3.健康是创造一切的资本

小李大学刚毕业，找工作的过程中不断碰壁，心灰意冷。面对人才市场的激烈竞争，小李觉得自己没有任何优势，整日里愁眉苦脸。

一天，爷爷看到唉声叹气的小李，便问："你现在年纪轻轻的，怎么一天到晚无精打采的？"小李郁闷的心事正要向人诉说，于是就把找工作的经历告诉了爷爷，最后还感慨一句："我的资本再雄厚一点，就不至于这样了！"

"资本，你需要什么样的资本呢？"爷爷对小李的感慨很有兴趣。小李回答道："找工作的资本，比如名校文凭、各种等级证书，最重要的是钱。有了这些资本，我就不愁找工作了。"

爷爷听完小李的抱怨，笑着说："那我现在给你一百万，让你变成我这样的老头，你愿意吗？"小李很惊讶，不过他很快拒绝："我还有好多理想没有实现，还有好多人生乐趣没有感受过！"爷爷又追问道："那再给你一百万，让你的身体得一种疾病呢？"小李想了想，再一次拒绝了。

爷爷依然微笑着说："好，如果再多给你一百万，让你成为一个植物人，不用再思考和烦恼了，你答不答应？""不行。"小李坚定地摇了摇头。

在一系列追问后，爷爷问小李："那你现在算一算，刚才有几个一百万已经成为你的资本了？"

小李听完爷爷的话，一下醒悟过来。原来小李的苦恼只在于学历、金钱等有形资本，而没有看到自己拥有年轻、健康这些宝贵而无价的资本。

西方有一句俗语："无知和疾病之外，再无贫穷；学问和健康之外，再无富裕。"可惜，现在大多数的年轻人没有认识到这一点。"年轻时拿命换钱，老了之后拿钱换命"竟成了被"工作狂"接受的"真理"，甚至有人说："不趁着年轻多加加班，怎么为以后看病攒钱。"

经济学将健康也定义为一种商品，需要投入成本，也有收益。健康的投入成本因人而异，包括日常保健、休息和锻炼的时间，还包括个人医疗的花销。

有投入就有产出，正如爷爷和小李说的，健康是创造财富的资本，同时，健康还能带来舒适和快乐。身体健康的人，往往比身体不健康的人更容易快乐；而精神健康的人，有较好的自我调适能力和人际关系处理能力，心情愉快的时候会比精神不健康的人多。

美国科学家富兰克林曾说过："空的袋子站不直。"没有健康身心的人，就像一个空袋子，价值是不值一提的。健康是1，其余都是0。无论你想要财富、爱情还是美貌，首先，请做好自己的健康投资。

知识和技能是一种人力资本

1.个人的价值

人力资本是指劳动者受到教育、培训、实践经验、迁移、保健等方面的投资而获得的知识和技能的积累，亦称“非物力资本”。由于这种知识与技能可以为其所有者带来工资等收益，因而形成了一种特定的资本——人力资本。

秦朝末年，农民战争中，韩信投奔项梁军，项梁兵败后归附项羽。他曾多次向项羽献计，却始终未被采纳，于是他离开项羽投奔刘邦。有一天，韩信违反军纪，按规定应当斩首，临刑时他看见汉将夏侯婴，就问道：“难道汉王不想得到天下吗？为什么要斩杀壮士？”夏侯婴因韩信所说不凡、相貌威武而下令将其释放，并将韩信推荐给刘邦，但并未获得重用。后韩信多次与萧何谈论时局，为萧何所赏识。刘邦至南郑途中，韩信思量自己难以受到刘邦的重用，于是中途离去，被萧何发现后追回，这就是“萧何月下追韩信”。此时，刘邦正准备收复关中，萧何就向刘邦推荐韩信，称他是汉王争夺天下不能缺少的大将之才，应重用韩信。刘邦采纳萧何的建议，选择良辰吉日，斋戒，设坛，拜韩信为大将。从此，刘邦文依萧何，武靠韩信，举兵东向，坐拥天下。在刘邦夺取天下的过程中，人才发挥了巨大的作用。

古往今来，人才的作用都是举足轻重的。人才，不仅是经济范畴的概念，还有其社会性、文化性和政治性。从经济学的视野来观察人才，或许有助于对人才的决策选择。在现代经济学中，决定个人竞争力的知识和技能被认为是一种人力资本。

人力资本，比物质、货币等硬资本具有更大的增值空间，特别是在后工业时期和知识经济初期，人力资本有着更大的增值潜力。因为作为“活资本”的人力资本，具有创造性，具有有效配置资源、调整企业发展战略等市场应变能力。对人力资本进行投资，对GDP的增长具有更高的贡献率，因为人力资本的积累和增加对经济增长与社会发展的贡献远比物质资本、劳动力数量增加重要得多。美国在1990年人均社会总财富大约为42.1万美元，其中24.8万美元为人力资本的形式，占人均社会总财富的59%。其他几个发达国家如加拿大、德国、日本的人均人力资本分别为15.5万美元、31.5万美元、45.8万美元。

概括起来，人力资本理论主要有以下内容：

（1）人力资源是一切资源中最主要的资源，人力资本理论是经济学的核心问题。

（2）教育投资应以市场供求关系为依据，以人力价格的浮动为衡量符号。

（3）在经济增长中，人力资本的作用大于物质资本的作用。人力资本投资与国民收入成正比，比物质资源增长速度快。

（4）人力资本的核心是提高人口质量，教育投资是人力投资的主要部分。不应当把人力资本的再生产仅仅视为一种消费，而应视同为一种投资，这种投资的经济效益远大于物质投资的经济效益。教育是提高人力资本最基本的手段，所以也可以把人力投资视为教育投资。生产力三要素之一的人力资源，显然还可以进一步分解为具有不同技术知识程度的人力资源，高技术知识程度的人力带来的产出明显高于技术程度低的人力。

2.吃苦是资本，也是财富

有人问一位著名的画家，跟随他习画的那个青年将来会不会成为一个大画家？他回答说："不，永远不会！他没有生存的苦恼，他每年都会从家里得到好几万元资助。"这位艺术家深深知道，人的本领是从艰苦奋斗中锻炼出来的，而在财富的蜜罐中，这种精神很难发挥出来。

翻开历史可以知道，各行各业的许多成功人士，在早年往往都是贫苦的孩子，成功的人大多是从艰难困苦中走过来的。大商人、教授、发明家、科学家、实业家和政治家大多是为了实现提高自己地位的愿望而努力向上的人。

成功是排除困难的结果，伟人都是从同困难的斗争中产生的，不经过艰难挫折的拼搏而要想锻炼出能耐来，是不可能的。

一个生长于优裕环境中，时常依附于他人而无须靠自己的努力挣饭吃，自小被溺爱，习惯于躲藏在父辈羽翼下的年轻人，很少能具有大本领。富家子弟与穷苦少年相比，就像温室中的幼苗一样，只有那些经受风雨洗礼的大树，才能看见更加蔚蓝的天空。

日本教育界有句名言："除了阳光和空气是大自然的赐予，其它一切都要通过劳动获得。"许多日本学生在课余时间都要去参加劳动挣钱，大学生中勤工俭学的现象非常普遍，就连有钱人家的子弟也不例外。他们靠在饭店端盘子、洗碗，在商店售货，在养老院照顾老人或做家庭教师来挣自己的学费。孩子很小的时候，父母就给他们灌输一种思想——"不给别人添麻烦"。全家人外出旅行，不论多么小的孩子都要背上一个小背包。别人问为什么，父母说：“他们自己的东西，应该自己来背。”

学会吃苦，你才不会在困难和逆境面前乱了阵脚，无助哀叹；学会吃苦，能够让你在奋斗的路上多一份坚韧，多一些从容。然而，曾几何时，我们早已将吃苦精神丢弃一旁，我们习惯于依赖别人，等着别人为我们搭好桥、修好路，再牵着我们的手慢慢通过。

殊不知，没有受过寒流的抽打，就不会感受到阳光的温暖；没有经历沙漠的干热，就不会体会到绿洲的清爽。

苦，可以折磨人，更可以锻炼人！吃下这个“苦”字，会使你的生命力更加强健，让你的人生更加灿烂、辉煌。

多一点吃苦精神吧！因为，吃苦的经历是我们成长的养分，吃苦是一种资本，更是一种财富！

3.提高自己的硬实力

随着竞争地加剧，人力资本所表现出来的作用也越来越明显，经济学家舒尔茨曾说，人的知识、能力、健康等人力资本的提高对经济增长的贡献远比物质、劳动力数量的增加重要得多。在美国想要找一份好工作，在很大程度上会受到你教育水平与经历的影响。受教育的程度越高，个人经历与阅历越丰富，在其他条件相同的情况下，你就会比别人更容易获得一份好工作。比如，普通员工没有职业律师收入高，主要是因为两者在人力资本投资上的极大差别所致。培养一名律师需要5—10年的专业学习时间，而培养一名普通员工最多只要1—2个月。用于学习手艺或接受培训的时间及货币财富共同构成了人们进行人力资本投资而支付的全部机会成本。正是由于这种投资，人们在单位时间的生产率才会得到提高，正是生产率的提高才使雇主愿意雇用他，并为他付出较高的报酬。

人力资本投资对职业生涯的发展有着非常重要的作用。在现代高速发展的信息社会，进行人力资本的投资就是要增强自身的核心竞争力，以便在激烈的市场竞争中获得更多资源，让自己具备更大的升值空间。

年轻、健康、智慧……这些人力资本的重要构成部分是金钱换不来的，这些资本的存在，就可以帮助一个人成就他自己。

对于一个人而言，要成功就一定要好好利用自己的资本，不断地发掘自己的内在潜力，并努力使这些潜力发挥出更大的能量，从而使自己的职业生涯更加辉煌。

找到解决问题的最高效方法

1.合理安排出效率

面对许许多多要完成的任务，均做到面面俱到，似乎会让人分身乏术，应接不暇。与其如此，不如树立起全局观念，将所要做的事情都安排到一个合理的系统当中，而不去过分拘泥于每一个细节。

有时，如果我们从全面的观点看问题，做到统筹兼顾，可能会在有限的时间内取得更多的效用。

一家公司在招聘时，用了一种独特的方式，只给面试者出了一道题。只要回答得能令领导满意，就可以直接录用。考试题目是这样的：

在一个暴风雨的晚上，你开车经过一个车站。有三个人正在等公交车，一个是快要死去的老人，很可怜；一个是医生，他曾救过你的命，是你的大恩人；还有一个女人（男人），她（他）是你的梦中情人，错过也许就没有了。但你的车里只能再坐一个人，你会如何选择？

所有的面试者看到题目都情不自禁地觉得难以取舍。这真是太难选择了。因为见死不救、知恩不报或者错失真爱都是难以接受的。于是，答案便五花八门，答成什么样子的都有。最后，在两百名应征者中，只有一个人被雇佣了。他的回答是：“给医生车钥匙，让他带着老人去医院，而我则留下来陪我的梦中情人一起等公交车。”

这个面试者最终之所以能从两百名应征者中脱颖而出，关键就在于在他运用了套裁理论。在经济领域，不仅要学会做事，更要学会高效率、科学合理地做事，运用套裁效应，既能够顾全大局，又能够把工作分出轻重缓急，条理分明。唯其如此，才可以在有限的时间内，高效率地完成更多的工作。

考虑问题的时候不能只局限在单个问题上，还要将问题放在一个系统中去考量，不仅要纵向的分析，还要有横向的比较。这样才能找到解决问题的最高效方法。

2.应用套裁效应出效率

套裁效应因其广泛的应用，已成为一种具有方法论意义的理论。它不仅可以应用到工程的实施、企业的管理，还可以应用到人们的生活中。

士兵李强在部队的年度考核中，一举夺得瞄准手专业第一名。但是，在后来的训练中他发现，无论怎样努力，成绩总是止步不前。其他战友纷纷劝道：“瞄准手既要精确装定表尺和分划，又要迅速操作火炮高低和方向，可谓一心不可二用，你的成绩已经达到了极限，不可能再有新的突破了。”战友的质疑并没有让李强停下探索的脚步。一次，他在图书室翻阅杂志，看到一个人可以一手画圆圈、一手画方块的有趣故事，突然产生了灵感。他将“一心二用”运用到了瞄准手训练中，一次次地尝试，但一次次地失败。

经过三个月的反复练习，他把瞄准手双手操作技能变成了一种本能反应，实现了“数据装定与火炮操作同步进行”“居中气泡与排除空回一步到位”，创造了瞄准手装定改装的最佳成绩，比规定的优秀成绩还提前了49秒。

李强在瞄准方面刷新成绩的关键，就在于他运用了套裁效应。他们所要完成的任务，看似矛盾，但只要合理地规划，是没有什么完不成的。

幸福就是效用和欲望的比较

1.幸福的方程式

有一个穷人，他和妻子、几个孩子共同生活在一间小木屋里，屋里整天吵闹不休，他感到家里就像地狱一般。于是他便去找智者求救。智者说："只要你答应按我说的去做，就一定能改变你的境况。你回家去把奶牛、山羊和鸡都放到屋里，与人一起生活。"穷人听了，简直不敢相信自己的耳朵，但他事先答应要按智者的话去做，只好试一试再说。

情况自然是更加糟糕，穷人在痛苦不堪中过了两天。

第三天，穷人又来找智者。他痛不欲生，哭诉着说："那只山羊撕碎了我房间里的一切东西，鸡飞得到处都是，它们让我的生活如同噩梦，人和牲畜怎么能住在一起呢？"智者说："赶快回家，把它们全都赶出屋去。"

过了半天，穷人又找到智者。他是一路跑来的，满脸红光，兴奋难抑。他拉住智者的手说："谢谢你，我现在觉得我的家就是天堂了！"

穷人把寻求幸福的方法寄托在智者身上，智者并没有让穷人的处境有任何改观，只是让穷人经受了一段时间更深重的痛苦后，感受到了幸福。事实上，一个人生活得幸福与否，从来没有一个恒定的标准。在更多情况下，幸福是一个人在现实生活中的感受，是与先前的生活，与周围人生活的一种比较。

美国经济学家保罗·萨谬尔森提出了一个关于幸福的方程式：幸福=效用／欲望

简单说，幸福就是效用和欲望的比较。效用是人消费某一种物品时得到的满足程度，欲望则是对某一种物品效用的强烈需要。比如，金钱能够给人带来效用，每个人都有发财的强烈欲望，当一个人赚到了钱后，他就有一种幸福感。根据这个公式，如果两个人的财富欲望水平相等，都是10万元，那么赚了5万元的人就比赚了2万元的人幸福。但是，如果赚5万元的人的欲望是10万，赚2万元的人的欲望是2万，那么赚了2万元的人虽比赚了5万元的人穷，但却比赚5万元的人幸福。如果欲望超过了效用，幸福感就会消失。

现代经济学认为，财富仅仅是能够给人带来幸福的因素之一，人们是否幸福，很大程度上还取决于许多和财富无关的因素，如感情、健康、精神等。一些社会学家和经济学家通过大量的调查研究发现，美国人拥有的财富比欧洲人多，但是美国人的幸福指数却并不比欧洲人高。一般来说，人往往越是缺少什么，什么就越能够给他带来幸福。重病中的人恢复健康，游子回到魂牵梦绕的家乡，其幸福的感觉是无法比拟的。

幸福感和与周围人的比较有关。如，一个人虽然买了一套属于自己的房子，和以前租房住相比有了很大地改观，但是他的朋友都住在别墅里，所以房子给他带来的效用仍然很小，他的欲望得到满足的程度很小，所以他的幸福指数也小。但是，如果他住的是别墅，而他的同事朋友住的都是普通楼房，他就会感到非常幸福。所以我们常会用“知足常乐”“比上不足，比下有余”来安慰自己。

2.激励能产生幸福

东汉末年，曹操率领部队去讨伐对手。当时正值夏季，天气炎热，到中午时分，士兵们汗流浃背，行军的速度明显慢了下来，有些体弱的士兵甚至出现昏厥的症状。

曹操看着行军的速度越来越慢，担心贻误战机，心里很是着急。可是，部队一直缺水，速度很难加快。于是，曹操叫来向导，悄悄问他："这附近可有水源？"向导摇头道："水源在山谷的那头，还得翻过这个山头，路程可不近。"曹操知道，士兵们很可能支撑不了那么久。他看着前边的树林，沉思了一会儿，对向导说："你什么也别说，我有办法。"

曹操纵马赶到队伍的最前面，用马鞭指着前方说："士兵们，去年我曾征战路过此地，前面有一大片梅林，那里的梅子又大又好吃，我们加紧赶路，翻过这个山头就能看到梅林了！"此言一出，士兵们精神大振。想到梅子带来的酸甜感觉，士兵们受到了极大的激励，部队的步伐不由得加快了许多。

目标带来激励，激励影响成就，而成就决定着价值感的产生。获得的成就越大，我们拥有的价值感就越强；而价值感的拥有，会带来真正的幸福。从这个意义上来说，激励是幸福之源。人们为什么喜欢嗑瓜子，而且一旦嗑起来就会持续下去，这也是源于激励：每嗑开一粒瓜子，人们马上就会享受到一粒香香的瓜子仁，这是对嗑瓜子人的即时回报。在这种即时回报的激励下，人们会继续嗑下一粒瓜子。

作为经济学的重要原理之一，激励现象存在于人们的任何决策和行为之中。就个人而言，根据行为科学理论，只有尚未满足的需要才有激励作用，已经满足的需要只能提供满意感。需要本身并不能产生激励，对满足需要的期望才真正具有激励作用。

美国哈佛大学教授威廉·詹姆斯通过研究发现，在缺乏激励的环境里，人们的潜力只能发挥出20%，而在良好的激励环境中，同样的一个人可以发挥出其潜力的80%，甚至100%。可见，无论在什么样的环境里，一个人要想获得成就，必然离不开激励。

当我们因为一个小小的成就而尝到甜头、受到激励时，我们会做出更大的成就，激励会使我们在追求成功的道路上形成良性循环，而幸福感就在循环中不知不觉产生了。

3.物欲盛，心难静

从前，有一个非常富有的国王——米达斯，他拥有的黄金数量之多，世上无人可比。尽管如此，他仍认为自己拥有的黄金数量还不够多。他把黄金藏在皇宫下面的几个地窖中，每天都在那里待上很长时间清点自己的黄金。

一天，米达斯国王又来到他的藏金屋。

“你有许多黄金，米达斯国王。”一位不知什么时候进来的陌生人说道。

“对，”国王说道，“但与全世界所有的黄金相比，那又显得太少了！”

“什么！你并不满足吗？”陌生人问道。

“满足？”国王说，“我当然不满足。我经常夜不能寐，想方设法获得更多的黄金，我希望我摸到的任何东西都能变成黄金。”

“那么你将实现你的愿望。明天早晨，当第一缕阳光透过窗子射进你的房间时，你将获得点金术。”陌生人说完便消失了。

第二天米达斯国王醒来时，房间里晨光熹微。他伸手摸了一下床罩，什么也没有发生。“我知道那不是真的。”他叹了口气。就在这时，清晨的阳光透过窗户射进房间，米达斯国王刚才摸的床罩变成了纯金的。“这是真的，是真的！”他兴奋地喊道。

他跳下床，在房间中跑来跑去，见什么摸什么。他穿着的长袍、拖鞋和屋里的家具都变成了金子，就连他平时最爱看的书也全都变成了金子。

就在这时，一个仆人端着吃的东西走了进来。“这饭看起来非常好吃，”他说道，“我先吃那个熟透了的红桃子。”不料，他刚把桃子拿到手中，还没有尝到什么滋味，它就变成了金子。这时，房门开了，小马丽格德手里拿着一支金灿灿的玫瑰花走了进来，眼里噙满了泪水。为了安慰自己的女儿，他拥抱她，亲吻她。但他突然痛苦地喊了起来，女儿那漂亮的脸蛋变成了金灿灿的金子，双眼什么也看不到，双唇无法吻他，双臂无法将他抱紧，她不再是一个可爱的、欢笑的小女孩了，她已经变成了一尊小金像。

米达斯低下头，大声哭泣起来。

物欲太盛造成病态的灵魂，使精神永无宁静，心灵也永无快乐，这是受到贪欲人性捆绑的后果。正如故事中的国王一样，即使手中已有大量的黄金，仍不满足。自从学会点金术后，凡他手可触及的地方，无论是什么东西，包括他的爱女，均变成了金的。

在一个完全物化的世界里，人性被欲望绑架，由此失去了弥足珍贵的快乐和自由。在欲望的海洋中，不能摆脱人性贪婪的倾轧，幸福早已褪去了原本的色彩。

5

Chapter 5

没有绝望的环境，只有绝望的心态

零和游戏定律

1.促成双赢结局

在多数情况下，博弈总会有赢，有输，如果我们把获胜计算为1分，而输棋为－1分，那么，这两人得分之和就是：1+（－1）=0，即“零和游戏定律”。

在当今这个战略制胜的时代，双赢的理念和意识，在竞争中发挥着非常积极的作用。

很多时候，竞争中你若能化敌为友，这样得到的朋友，比你先前的朋友更能帮助你。因为你先前的朋友所占有的资源，你可能已经占有；所掌握的技能，你可能也已经掌握。化敌为友产生的新朋友，所占有的资源，所掌握的技能，可能正是你一直想拥有而未能拥有的，反之，对手从你那里也有所需，这样就促成了与对手双赢的结局。

1997年8月6日，IT界传出一个惊人的消息，微软总裁比尔·盖茨宣布，他将向微软的竞争对手——陷入困境的苹果电脑公司注入1.5亿美元的资金！

此语一出，IT界为之哗然。比尔·盖茨大发善心了吗？

作为当时世界的首富，比尔·盖茨在世界各地捐资。但这一回，他却不是捐资，更不是行善，他向苹果公司注入资金是出于商业目的。

苹果电脑公司诞生于一个旧车库里，它的创始人之一是乔布斯。苹果的成功，在于乔布斯是世界上第一个将电脑定位成个人可以拥有的工具，即“个人电脑”，它就像汽车一样，普通人也可以操作。这是一个划时代的产品定位概念，因为在那之前，电脑是普通人无缘摆弄的庞然大物，不仅需要艰深的专业知识，还得花大价钱才能买到手。

乔布斯很快推出了供个人使用的电脑，引起了电脑迷的广泛关注。更为重要的是，苹果公司还开发出了麦金塔电脑，这也是一个划时代的软件业革命性突破，开创了在屏幕上以图案和符号呈现操作系统的先河，大大方便了电脑操作，使非专业人员也可以利用电脑为自己工作。

苹果公司靠着这些核心竞争力，诞生不久就一鸣惊人，市场占有率曾经一度超过IT老大IBM。然而，在进入20世纪90年代，网络经济突飞猛进之际，苹果公司却慢了一拍，未能抓住网络化这一先机，市场占有率急剧萎缩，财务状况日益恶化，1995—1996年连续亏损，亏损额高达数亿美元，苹果公司使出了浑身解数，但种种努力都没有产生太大的效果。

就在苹果公司上上下下愁眉苦脸之际，微软突然伸出援助之手。难道天下真的有救世主吗？当然没有。

比尔·盖茨自有他的如意算盘。他知道，苹果作为一家辉煌一时的电脑霸主，尽管元气大伤，但它潜在的实力却非常巨大。

在这个时候，很多电脑公司包括微软的一些竞争对手如IBM、网景等，都想利用苹果乏力之机，提出与苹果合作，来达到和微软竞争的目的。显然，如果微软不与苹果合作，对手的力量就会更强大。

更为重要的是，美国《反垄断法》有规定，如果某个企业的市场占有率超过规定标准，市场又无对应的制衡商品，那么这个企业就应当接受垄断调查。如果苹果公司垮了，微软公司推出的操作系统软件市场占有率就会达到92%，必然会面临垄断调查，那么仅仅是诉讼费就将超过从苹果公司让出市场中赚取的利润。而和苹果合作，则可以把苹果拉到自己这一边，苹果和微软的操作软件相加，就基本上占领了整个计算机市场，微软和苹果的软件标准就成了事实上的行业标准，其他竞争对手就只好跟着走了。当然，微软实力比苹果强大，不会在合作中受制于苹果。

谁都看得出来，拉苹果一把，有百利而无一害，比尔·盖茨扮演一回救世主绝对不吃亏。

可见，与其付出代价而消灭对手，不如化敌为友，与其双赢更为划算。

2.NBA比赛中的赢家

NBA（美国男子职业蓝球联赛）比赛被认为是当今世界上发展最完备、职业化程度最高的篮球联赛，公平、公正、公开是它一贯的处事原则，它的很多项规章制度都自觉或不自觉地打破了“零和游戏定律”。

比如NBA的选秀制度。为了使NBA各队的实力水平不至于太悬殊，从而增加比赛的精彩和激烈程度，NBA都要在每年度的总决赛之后，在6月下旬举行一年一度的“选秀大会”。参加选秀的一般是全美各大学的学生，均为NCAA（全国大学体育协会）中的佼佼者。当然，最近几年里，高中生和国际球员有增多的趋势。NBA根据他们的综合实力给他们打分排名，然后，各球队依照该年度在常规赛中的优胜率排名，按由弱到强的顺序依次挑选。为了公平起见，NBA从前两年开始，在选秀前，先分发10个乒乓球，上面注明挑选的顺序号，常规赛成绩最差的球队可挑250个号，他们挑中首选权的概率是25%。以下依次类推。

这种制度是制衡各队强弱的杠杆，弱队每年总能得到一些能量补充，而强队得到好球员的概率则相对较小，这样就使得NBA各队之间的实力差距不至于太悬殊，这既保证了比赛的水平和质量，也保证了NBA的活力。这项制度实质上是NBA的经营手段，它的最终目的是使联盟能获得最大的利益。它不仅仅要求联盟获利，而且是力争使所有的球队（无论强弱）都获利，只是获利的多少有所区别而已。这是一种“多赢”的局面，而这种“多赢”正是“双赢”的延伸和发展，是“双赢”的最大化体现。相反，如果只是湖人、公牛、马刺这样的超级强队获利，而快艇、骑士、猛龙等弱队一直赔钱的话，NBA恐怕早已经萎缩，也不会从当初的11支球队，发展到如今的30支球队了。

NBA球队之间的球员交换，也表明了参与球队希望“双赢”或者“多赢”的愿望。像勇士队与小牛队完成的9人大交易，其出发点就是为了共同提高两队的实力。在这场交易中，两队的明星球员贾米森和范·埃克塞尔作了互换。在小牛队中，虽然范·埃克塞尔实力一流，充满激情，但由于纳什的稳定发挥，使得他的作用大多是锦上添花，很少能雪中送炭；而由于内线实力的欠缺，使他们在和湖人、马刺那样内线实力强大球队的对抗中处于劣势。因此，得到贾米森这样的明星球员，既能提高得分能力，又能增加内线高度，对球队大有裨益。

同样，贾米森虽是勇士队的头号球星，但和他司职同样位置的墨菲上个赛季进步神速，况且比他更高更壮，似乎已能替代他的角色。倒是勇士队的后卫阿瑞纳斯虽然获得了上个赛季的“进步最快奖”，但由于年轻尚欠稳定，常常无法帮助球队在关键的比赛中力战到底，他们曾看上了马刺队的克拉克斯顿，还将“袖珍后卫”博伊金斯招至麾下，但这些人和范埃克塞尔相比，显然不在一个档次。因此，勇士队才会放走头号球星，迎来小牛队的替补后卫。这种思维和行为方式，正是期待“双赢”的表现。

当然，在NBA中也存在不和谐。森林狼队的“乔·史密斯事件”，就公然违反了公平、公开、公正的原则，暗箱操作，侵犯了群体的利益。NBA官方发现之后，对森林狼队进行了严厉的处罚——处以巨额罚款，剥夺其3年的首轮选秀权，球队老板以及副总裁被禁赛数月，球队和史密斯签订的合同无效，史密斯还被迫为活塞队效力1年。缺乏真诚合作的精神和勇气，不遵守游戏规则……森林狼队为此吃尽了苦头。

转化压力为动力

1.背负压力，你会跑得更快

1860年美国总统大选结束后几个星期，有位叫作巴恩的大银行家看见参议员萨蒙·蔡思从林肯的办公室走出来，就对林肯说："你不要将此人选入你的内阁。"林肯问："你为什么这样说？"巴恩答："因为他认为他比你伟大得多。""哦！"林肯说，"你还知道有谁认为自己比我要伟大的？""不知道了。"巴恩说，"不过，你为什么这样问？"林肯回答："因为我要把他们全都收入我的内阁。"林肯为什么要这样做呢？

很多人都对林肯的决定感到困惑。如巴恩所说，蔡思确实是个狂态十足、极其自大的人，他妒忌心很重，而且一直希望谋求总统职位。至于林肯为何仍旧重用蔡思，用他自己的话来解释为："现在正好有一只名叫'总统欲'的马蝇叮着蔡思先生，那么，只要它能使蔡思那个部门不停地跑，我还不想打落它。"

现实生活中，不仅是蔡思先生，我们任何一个人，找只"马蝇"给自己点压力，都会使自己向目标的方向前进得更快。曾有这样一个有趣的故事：

勒斯里为了领略山间的野趣，一个人来到一片陌生的山林，左转右转迷失了方向。正当他一筹莫展的时候，迎面走来了一个挑山货的美丽少女。

少女嫣然一笑，问道："先生是从景点那边走迷失的吧？请跟我来吧，我带你抄小路往山下赶，那里有旅游公司的汽车等着你。"

勒斯里跟着少女穿越丛林，正当他陶醉于美妙的景致时，少女说："先生，往前一点就是我们这儿的鬼谷，是这片山林中最危险的路段，一不小心就会摔进万丈深渊。我们这儿的规矩是路过此地，一定要挑点或者扛点什么东西。"

勒斯里惊问："这么危险的地方，再负重前行，那不是更危险吗？"

少女笑了，解释道："只有你意识到危险了，才会更加集中精力，那样反而会更安全。这儿发生过好几起坠谷事件，都是迷路的游客在毫无压力的情况下一不小心摔下去的。我们每天都挑着东西来来去去，却从来没人出事。"

勒斯里不禁冒出一身冷汗。没有办法，他只好扛着两根沉沉的木条，小心翼翼地走过这段"鬼谷"路。

两根沉木条在危险面前竟成了人们的"护身符"。其实，许多时候，如果我们学会在肩上压上两根"沉木条"，给自己一些压力，确实会让我们走得更好。下面看看这个非常贴近我们自己的例子：

李强是学管理的，因为爱好设计，进了某私企的企划部。刚工作不久，接手了一个公司的圣诞节网站广告设计项目，期限是4天。

由于这次广告需要设计一个非常有创意的网页，而李强和其他同事都不懂网页设计软件，老总便在出差前给他推荐了一位做网页不错的外援。谁料，李强拿着老总给的手机号码联系对方，人家也到外地出差了，根本抽不出时间。

当时，李强面前只有两条路：一是放弃，直接找老总告诉自己做不了；二是迎难而上，完成项目。选择前者，会失去很好的表现机会，晋升的梦想也可能泡汤；选择后者，自己需要再想别的办法做出一个有创意的网页，既要符合活动广告的要求，又要体现公司的内涵和优势，但若成功了会大大提升自己在老总心中的地位。一直梦想做出成绩的李强，最终选择了后者。

决定后，他想：如果再找别人，要让对方了解公司的企业文化、优势及活动意义等，至少也要1天左右，而整个项目只有4天，还不如自己上，毕竟自己对公司和这次活动主旨都比较了解，何况大学期间也学过FOXPRO、VB等计算机课程。

于是，他买了两本网页制作的书，把自己关在办公室，连续3天废寝忘食地学习。第四天，老总出差回来，李强交上了一个自己精心设计的网页。当老总问他，是那个外援的杰作吗？他便把事情原原本本地说了一下，老总立刻对他竖起了大拇指，还夸他是一个很有发展前途的年轻人。

可见，我们不应总是惧怕压力，适当的压力反而会让我们更好地发挥潜力。如果每天都给自己一点压力，你就会感觉到自己的重要性，发挥出更多的潜力。正如一位哲人说过，你要求得越少，那么你得到的也越少。

2. “叮”上自己，你会变得更强大

马由慢跑到快跑是由于马蝇的叮咬，那么，我们个人的发展由弱到强需要什么来“叮咬”呢？事实证明，在有竞争对手“叮咬”的时候，人往往能保持旺盛的势头，最终让自己壮大起来，加速前进。

在北方某大城市里，诸多电器经销商经过明争暗斗的激烈市场较量，在彼此付出了很大的代价后，有赵、王两大商家脱颖而出，他们彼此又成为最强硬的竞争对手。

这一年，赵为了增强市场竞争力，采取了极度扩张的经营策略，大量地收购、兼并各类小企业，并在各市县发展连锁店，但由于实际操作中有所失误，造成信贷资金比例过大，经营包袱过重，其市场销售业绩反倒直线下降。

这时，许多业内外人士纷纷提醒王说，这是主动出击，一举彻底击败对手赵，进而独占该市电器市场的最好商机。王却微微一笑，始终不采纳众人提出的建议。

在赵最危难的时机，王却出人意料地主动伸出援手，拆借资金帮助赵涉险过关。最终，赵的经营状况日趋好转，并一直给王的经营施加着压力，迫使王时刻面对着这一强有力的竞争对手。

有很多人曾嘲笑王的心慈手软，说他是养虎为患。可王却丝毫没有后悔之意，只是殚精竭虑，四处招纳人才，并以多种方式调动手下的人拼搏进取，一刻也不敢懈怠。

就这样，王和赵在激烈的市场竞争中，既是朋友又是对手，彼此绞尽脑汁地较量，双方各有损失，但各自的收获也都很大。多年后，王和赵都成了当地赫赫有名的商业巨子。

面对事业如日中天的王，当记者提及他当年的“非常之举”时，王一脸的平淡：击倒一个对手有时候很简单，但没有对手的竞争又是乏味的。企业能够发展壮大，应该感谢对手时时施加的压力，正是这些压力化为想方设法战胜困难的动力，进而让我们在残酷的市场竞争中，始终保持着一种危机感。

没错，人生需要一定的“激发”，就好比著名的钱塘江大潮，至柔至弱的水，一经激发，便能产生“白马千群浪涌，银山万叠天高”的蔚蔚壮观的景象。

事实上，人皆有惰性，如果没有外力的刺激或震荡，许多人都会四平八稳、舒舒服服、得过且过、无声无息地走完平庸的人生之旅，可是偏偏人生多蹇，世事难料，给人带来种种困窘，也带来种种激励。朋友反目，爱人变心，事业上不顺心，都可能成为一种精神动力源，激发人们调动潜能，干出一番事业，改变自己的人生轨迹。

例如，苏秦一事无成时，屡受父母、妻、嫂的白眼，于是发愤图强，悬梁刺股，夜以继日，废寝忘食，终成一代名士，挂六图相印，显赫一时，威震天下。蒲松龄虽满腹经纶，却屡试不中，穷困潦倒，愤而激励自己著书立说，以毕生心血学识凝成《聊斋志异》，自己也跻身文学巨匠行列，成为千古名人。

所以，想成功，我们就要学会主动接受外在的激励，化压力为动力，使我们的心智力量得到最大限度的发挥，使我们的人生变得更加瑰丽雄奇。

波特法则

1.不求第一，但求独特

被誉为“竞争战略之父”的哈佛商学院教授迈克尔·波特曾说：“不要把竞争仅仅看作是争夺第一名，完美的竞争战略是创造出企业的独特性。让它在这一行业内无法被复制。”

由其提出的波特法则指出，防止完全竞争最为有效的途径之一，就是要从根本上阻止战斗的发生。要做到这一点，对自己的产品就必须有独特的定位，自己的竞争策略就要有独到之处。这方面，比尔·盖茨为我们做了一个非常成功的例子。

某一天，比尔·盖茨从其西雅图总部附近的一家餐馆走出来，一个无家可归者拦住他要钱。给点钱自然是小事一桩，但接下来的事却令见多识广的比尔·盖茨也目瞪口呆——流浪汉主动提供了自己的网址，那是西雅图一个庇护所在互联网上建立的地址，以帮助无家可归者。

“简直难以置信，”事后盖茨感慨道，“Internet是很大，但没想到无家可归者也能找到那里。”

今天，比尔·盖茨的微软给互联网带来了统一的标准，也带来了前所未有的垄断。其视窗（Windows）操作系统几乎已成为进入互联网的必由之路，全世界各地的个人电脑中，92%在运用Windows软件系统。更值得一提的是，过去两年来，微软共投资并收购了37家公司，表面看起来好像是一种随心所欲的资本扩张行为，但只要把这37家公司排在一起分门别类，立刻就会令人大惊失色！因为这37家公司所代表的竟然是网络经济的3大命脉：互联网络信息基础平台，互联网络商业服务，互联网络信息终端。微软不仅统治了现在的个人电脑时代，而且已经开始着手统治未来的网络时代！难怪美国司法部要引用反垄断法控告微软。

但比尔·盖茨从容地说："微软只占整个软件业的4%，怎么能算垄断呢？"

盖茨的话也自有他的道理，因为软件的形态与工业时代的规模和产品建立的垄断已有明显区别。实际上，微软已不仅仅是单纯的垄断，只有"霸权"才能更确切地描述微软的真实。因为操作系统是整个电脑业的基础，微软以核心产品的垄断获得了对整个软件行业的霸权，使得垄断操作"稀释"和掩饰在更大范围的霸权之中，与单纯的数量份额和比例等有关垄断的硬性指标已无明显关系。

这种软件业的霸权是一种独特的霸权，是知识的霸权，创新的霸权，更是盖茨在竞争中独特的定位。

所以，要想在激烈的竞争中立于不败之地，你可以不求第一，但你一定要求独特。

2.不能同时选择两条道路

哲学上有一个公认的观点是"一只脚不能同时踏入两条河流"，其实，竞争中所采取的决策亦是如此，如果有真正的决策，就不能同时选择两条道路。在战略上面，决策就像岔路，你选择了一条路，那就意味着你不可能同时选择另外一条路。

下面，我们就以美国奋进汽车租赁公司为例来谈谈这个问题：

奋进是美国赫赫有名的汽车租赁公司，然而，你若去有一定规模的机场租车区，一定能够看到赫斯汽车租赁公司和爱维斯汽车租赁公司的柜台，也可以看到很多小汽车租赁公司的柜台，却看不到奋进公司的柜台。更令人费解的是，奋进公司的租金要比对手低30%左右，但总是比其他更有名气的竞争对手获得更多利润。

原来，与爱维斯汽车租赁公司和赫斯汽车租赁公司将自己的客户定位于飞行旅游者不同，奋进汽车租赁公司将服务对象定位于那些还没有买到自己汽车的人。对于这些客户来说，如果需要自己支付租金，价格就是一个重要的考虑因素，而且他们肯定还要考虑保险公司是否会理赔。奋进汽车租赁公司就有意识地裁减各种客户不愿意付费的项目和可能增加的成本，包括做广告的费用。

就这样，奋进汽车租赁公司始终如一地坚持这一策略，尽管客户付费较少，但他们节省的开支大大超过了收费低廉而造成的损失，而且在业内总能成为赢家。

可见，在竞争中选择一个独特的策略，并始终坚持这一个方向，才能成为行业真正的、持久的赢家。

与之类似，戴尔电脑公司在1989年的经营模式改革中也体会到了这一点。当时，戴尔感到自己的直销模式发展得不够快，就试图通过代理商来销售。可是，当他们发现这种转变给公司业绩带来损害的时候，就马上取消了这种做法。问题在于，如果你同时选择两条道路，别人也会这么做。所以，你要选择一条自己最擅长的、具有独特定位的方式坚持下去。这样，你的差异化道路就会具有持续的力量，使对手无法打败你。否则，你只会表现平平。

学会了这些，你在具体制订竞争策略的时候，就应该懂得不能让自己的“一只脚同时踏入两条河”的简单道理了。

事情发展的未知因素

1.计划赶不上变化

我们总喜欢说：不要打无准备之仗，事前一定要做好计划和安排。计划代表了目标，代表了充实，代表了憧憬，代表了一种对自己的承诺，因为“计划”会让我们知道下一步该做什么。

然而，“一切尽在掌握之中”固然是好，但我们也无法排除“计划外”的可能，正所谓计划没有变化快。

东汉末年，曹操征伐张绣。有一天，曹军突然退兵而去。张绣非常高兴，立刻带兵追击曹操。这时，他的谋士贾诩建议道：“不要去追，追的话肯定要吃败仗。”张绣觉得贾诩的意见很好笑，根本不予采纳，便领兵去与曹军交战，结果大败而归。

谁料，贾诩见张绣败仗回来，反而劝张绣说赶快再去追击。张绣心有余悸又满脸疑惑地问：“先前没有采用您的意见，以至于到这种地步。如今已经失败，怎么又要追呢？”“战斗形势起了变化，赶紧追击必能得胜。”贾诩答道。由于一开始败仗的教训，张绣这次听从了贾翊的意见，连忙聚集败兵前去追击。果然如贾诩所言，这次张绣大胜而归。

回来后，张绣好奇地问贾诩：“我先用精兵追赶撤退的曹军，而您说肯定要失败；我败退后用败兵去袭击刚打了胜仗的曹军，而您说必定取胜。事实完全像您所预言的，为什么会精兵失败，败兵得胜呢？”

贾诩立刻答道：“很简单，您虽然善于用兵，但不是曹操的对手。曹军刚撤退时，曹操必亲自压阵，我们追兵即使精锐，但仍不是曹军的对手，故被打败。曹操先前在进攻您的时候没有发生任何差错，却突然退兵了，肯定是国内发生了什么事，打败您的追兵后，必然是轻装快速前进，仅留下一些将领在后面掩护，但他们根本不是您的对手，所以您用败兵也能打胜他们。”

张绣听了，十分佩服贾诩的智慧。

在这次战役中，局势变幻无常，而这些无常，却决定了最终的胜与败。现实的竞争世界中，亦是如此，没有谁能在今天就断定明天一定会怎么样，事情的发展都具有一定的未知因素。贾诩那番充满智慧的话，实际就是论述了一种“因机而立胜”的权变战略思想。这种理论告诉我们，组织是社会大系统中的一个开放型的子系统，受环境影响。我们必须根据组织的处境和作用，采取相应的措施，才能保持对环境的最佳适应。

那么，在激烈的竞争中，不要执着于某种外在的形式，不要完全拘泥于事先的精心计划，因为在事情发展过程中的计划外因素往往更加具有影响力。

2.以变应变，方才精彩

毫不夸张地说，我们已经进入了竞争时代，一切都充满了变数。就拿大家熟悉的股市来说，几秒钟内的上下颠覆，可能把你送上云端，也可能把你推入地狱。对此，一定要树立权变的思想，善变才能赢。

《猫和老鼠》的经典动画片大家应该记忆犹新，为什么每次小杰瑞总能逃过汤姆的厉爪，还让汤姆吃尽了苦头？汤姆即使绞尽脑汁、费尽力气，为何最终仍然一无所获？这一切都是因为，小杰瑞对汤姆的一举一动，甚至一个呼吸、一个喷嚏、一个微笑的变化，都有不同的应对手段。

在商业竞争中，善变的思想同样必要。

中国布鞋曾一度在秘鲁打开销售大门，当地一家公司每月可销售中国布鞋6万多双。

不料，秘鲁当局颁布了一项法令：禁止纺织品和鞋子进口。这一突如其来的变化，使中国布鞋在秘鲁的销售大门被关闭了。

陷入困境的中国商人并没有坐以待毙，经过分析，他们发现秘鲁并没有禁止进口制鞋设备及布鞋面。于是，他们转变策略，决定出口制鞋设备和布鞋面，在秘鲁当地加工布鞋。布鞋面既不算成品布鞋，也不属于纺织品，不受禁令制约。

后来，中国布鞋又重新在秘鲁占有了一定的市场份额。

正如《孙子兵法》所言："夫兵形象水，水之形避高而趋下，兵之形避实而击虚。水因地而制流，兵因敌而制胜。故兵无常势，水无常形，能因敌变化而取胜者谓之神。"意思是用兵打仗，好像地下的流水那样没有固定刻板的规律，没有一成不变的打法，能采取敌变我变而取胜的，就叫用兵如神了。

某省一家出售冷冻鸡肉的食品公司，由于竞争激烈，冷冻鸡肉销售一直不太景气。后来，该公司经过市场调研，发现顾客喜欢吃新鲜鸡肉，于是实施相应策略，改为凌晨三点开始杀鸡，待去毛分割完毕恰好接近黎明。新鲜的鸡肉送到市场，生意一下子红火起来，公司利润持续上升，顾客也非常满意。

由此观之，善变之道在于灵敏地做出应变决策，抢占先机。没有这种能力，一个公司就会陷于故步自封的境地，一个人就会陷入墨守成规的套子。

竞争世界如同一只变色龙，变化的发生有时是没有什么明显的先兆，我们往往也无法预知，“翻手为云，覆手为雨”，常常让我们措手不及。因此，每走一步棋，我们既要紧跟时机，又要学会思考，以变应变，才能赢得精彩。

达维多定律

1.创新从改变思维开始

任何企业在本产业中必须不断更新自己的产品。一家企业如果要在市场上占据主导地位，就必须第一个开发出新一代产品。这就是著名的达维多定律。

一个犹太商人用价值50万美元的股票和债券做抵押向纽约一家银行申请1美元的贷款。乍一看，似乎让人不可思议。但看完之后才发现，原来那位犹太商人申请1美元贷款的真正目的是为了让银行替他保存巨额的股票与债券。按照常规，像有价证券等贵重物品应存放在银行金库的保险柜中，但是犹太商人却悖于常理通过抵押贷款的办法轻松地解决了问题，为此他省去了昂贵的保险柜租金而每年只需要付出6美分的贷款利息。

这位犹太商人的聪明才智实在令人折服。其实，我们身上也蕴藏着创新的禀赋，但我们总是漠视自己的潜能。你的思维已经习惯了循规蹈矩，只要你愿意改变一下自己的思维方式，多进行一些发散思维和逆向思维，激活自己的创新因子，你周围的一切，都有可能成为你创新思维的对象。

众所周知，闹钟在传统上的作用只是“催醒”。然而，英国一家钟表公司在此基础上，又增添了一种与此矛盾的“催眠”功能。这种“催眠闹钟”既能发出悦耳动听的圣诗合唱和鸟语声，催人醒来；又能发出柔和舒适的海浪轻轻拍岩声和江河缓缓流水声，催人入眠。使用者可以“各取所需”，这种新颖独特的闹钟深得失眠者的宠爱。

再有，某大城市的市场上曾出现过一种具有特殊功能的拖鞋。这种居室内穿的拖鞋底上装有圆圈状的纱线，能牢牢抓住地板或地砖上的灰尘、头发等污染物。人们穿上这种特殊拖鞋，边走路，边擦地，走到哪里，就清洁到哪里，既走出了“实惠”，又轻松自如。而且，这种拖鞋的洗涤也很方便，穿脏了放入洗衣机内便可清洗干净。这种“擦地拖鞋”卖疯了，其成功之处在于它体现了一种创新思维，也正是这种思维，为创新者带来了巨大的收益。

在竞争过程中，很多人被对手“吃掉”，其重要原因往往是遇事先考虑大家都怎么干、大家都怎么说，不敢突破人云亦云的求同思维方式。讨论一件事情时，总喜欢“一致同意”“全体通过”，这种观念的后面常常隐藏着“从众定式”的盲目性，不利于个人独立思考，不利于独辟蹊径，常常会约束人的创新意识，如果一味地考虑多数，个人就不愿开动脑筋，事业也就不可能获得成功。

一位成功的企业家说：“一项新事业，在十个人当中，有一两个人赞成就可以开始了；有五个人赞成时，就已经迟了一步；如果有七八个人赞成，那就太晚了。”

2.第一个吃螃蟹的人

不难看出，达维多定律为我们揭示了如何在竞争中取得成功的真谛。‘这也正是诸多成功实例所验证的——要做第一个吃螃蟹的人。

日本企业界知名人士曾提出过这样一个口号：“做别人不做的事情。”瑞典有位精明的商人开办了一家“填空档公司”，专门生产、销售在市场上断档脱销的商品，做独门生意。德国有一个“怪缺商店”，经营的商品在市场上很难买到，例如大个手指头的手套，缺一只袖子的上衣，驼背者需要的睡衣等等。因为是“填空档”，一段时间内就不会有竞争对手。

其实，即使在人们熟知的行业里，仍然会有许多的创新点，关键是你要能够察觉得到。

有段时间，国外很多啤酒商发现，要想打开比利时首都布鲁塞尔的市场非常困难。于是就有人向畅销比利时国内的某名牌酒厂家取经。这家叫“哈罗”的啤酒厂位于布鲁塞尔东郊，无论是厂房建筑还是车间生产设备都没有很特别的地方。但该厂的销售总监林达是轰动欧洲的策划人员，由他策划的啤酒文化节曾经在欧洲多个国家盛行。当有人问林达是怎么做“哈罗”啤酒的销售时，他显得非常得意且自信。林达说，自己和哈罗啤酒的成长经历一样，从默默无闻开始到轰动半个世界。

林达刚到这个厂时是个还不满25岁的小伙子，那时候他有些发愁自己找不到对象，因为他相貌平平且贫穷。但他还是看上厂里一个很优秀的女孩，当他在情人节给她偷偷地送花时，那个女孩伤害了他，她说：“我不会看上一个普通得像你这样的男人。”于是林达决定做些不普通的事情，但什么是不普通的事情呢？林达还没有仔细想过。

那时的哈罗啤酒厂正一年一年地减产，因为销售不景气而没有钱在电视或者报纸上做广告，这样便开始恶性循环。做销售员的林达多次建议厂长到电视台做一次演讲或者广告，都被厂长拒绝。林达决定冒险做自己“想要做的事情”，于是他贷款承包了厂里的销售工作，正当他为怎样去做一个最省钱的广告而发愁时，他徘徊到了布鲁塞尔市中心的于连广场。这天正是感恩节，虽然已是深夜了，广场上还有很多狂欢的人们，广场中心撒尿的男孩铜像就是因挽救城市而闻名于世的小英雄于连。当然铜像撒出的“尿”是自来水。广场上一群调皮的孩子用自己喝空的矿泉水瓶子去接铜像里“尿”出的自来水来泼洒对方，他们的调皮启发了林达的灵感。

第二天，路过广场的人们发现于连的尿变成了色泽金黄、泡沫泛起的“哈罗”啤酒。铜像旁边的大广告牌子上写着“哈罗啤酒免费品尝”的字样。一传十，十传百，全市老百姓都从家里拿自己的瓶子、杯子排成长队去接啤酒喝。电视台、报纸、广播电台争相报道，林达不掏一分钱就把哈罗啤酒的广告成功地做上了电视和报纸。该年度“哈罗”啤酒的销售量跃升为去年的1.8倍。

林达成了闻名布鲁塞尔的销售专家，这就是他的经验：做别人没有做过的事情。

不得不承认，如果只懂得沿着别人的路走，即使能取得一点进步，也不易超越他人；只有做别人没有做过的事情，创造一条属于自己的路，才有可能把他人甩在你身后。

3.创新也要三思而后行

在这个变革的时代，怕的就是你不变。然而，这里的变不是乱变，不是无原则的变，而是有方向地变；不是倒退的变，也不是“30年河东、30年河西”的转圈变，而是向前发展的变。否则，你的创新之路走错时，结果只会得不偿失。

1978年，可口可乐公司起用布莱恩·戴森为其美国分公司经理，戴森试图突破传统，尝试一种新的软饮料——节食可口可乐。

1981年春，为了迎战自己的强劲对手百事可乐，在新任少壮派领导人戈伊祖艾塔的支持下，戴森开始组织实施节食可口可乐的研究。这项计划被称为“哈佛计划”。次年8月份，节食可口可乐在全国推出，并以较大的销售额迅速占领了市场，百事可乐受到极大的冲击。

然而就在这个时候，公司出现了重大失误。

1985年4月，戈伊祖艾塔向媒体宣布，公司决定对可乐配方进行修改，生产一种新可口可乐，以挽回因甜度不够而失去的市场。

新可口可乐上市，在饮料市场上引起轩然大波。来自老顾客的抗议电报和信件像雪片一样飞往可口可乐总部。亚特兰大总部的接线员们每天要记录1500个电话，几乎都是要求恢复老可口可乐配方的。修改还是恢复“7X”配方的论战成为报纸的头条新闻和电视新闻报道的新话题。包装商们声称，如果这种不利的宣传继续下去，可口可乐无论以何种名称出现，都会面临失去市场份额的危险，有可能在一夜之间就被百事可乐夺去市场，再想收复失地将会非常困难。

可口可乐咬着牙支持了3个月后，不得不再次宣布公司将恢复原配方，命名为经典可口可乐，新可口可乐也将继续销售。在重新问世之后6个月，经典可口可乐又成为全国第一位的软饮料。

任何产品不可能一成不变，都会在不断改进中适应市场。问题在于该不该公开宣布这种改进，这其中有很大的技巧。顾客的心理都有一种信任惯性，尽管各种试验都表明新可乐的口味并不错，但消费者只想维持正宗真品的信誉，抗拒接受新可乐。

尽管可口可乐公司迅速挽回了因修改配方的失误所造成的损失，但在新产品的开发中又出现了失误。

可口可乐在不到一年的时间内连续推出4种新产品：3种含咖啡

因型可乐和节食可口可乐，再加上经典可口可乐、新可口可乐等，共有8种不同口味的新产品，同时出现在市场上。

消费者们几乎被弄晕了头，就连可口可乐的一些老顾客对它也不耐烦。

有这样一段对话，颇耐人寻味：

"给我一杯可口可乐。"

"您要经典可口可乐、新可口可乐、樱桃可口可乐，还是要健怡可口可乐？"

"请给我来杯健怡可口可乐。"

"您要普通健怡可口可乐还是要不含咖啡因的健怡可口可乐？"

"去他妈的！给我一杯七喜。"

虽然我们不能老是守着传统思想，但革新的步伐也要三思而后行，且勿得不偿失。创新是为了迎合新观念、新社会，而不是强行改变人们固有的生活方式。

儒伏尔定律

1.有效预测方能英明决策

H·儒佛尔提出，没有预测活动，就没有决策的自由。有效的预测是英明决策的前提。这就是儒伏尔定律。

在做任何事之前，你都要面对选择和判断。人生就是在不断地选择和判断中度过，如果你选择了正确的道路，那么你的人生可能会一帆风顺、飞黄腾达；如果你判断失误而入了歧途，那么你这一生可能就只能与噩梦相伴。选择和判断，对于你的人生就是这么重要。

如何才能做好选择和判断呢？特别是在这个“信息爆炸”的时代，各种各样的道路、方向、方式、经历、指导放在你的面前，经常让人不知所措，只有选择好了，判断好了，才会有好的结果。所以，在众多信息中抽出适合自己的信息，这个环节就显得非常重要。如何才能众里寻他一下命中呢？这就需要极强的预测能力。在这个极具机遇性的商业社会里，预测能力尤为重要。往往一个不起眼的信息，就能给你带来极大的灵感，抓住了这个商机，你就可能一夜暴富。所以，有效的预测对于一个竞争者来说，是最重要的能力。

市场变化多端，信息浩渺如洋，如何从这信息的汪洋大海中捞出属于自己的商机？只有靠预测！一个成功的企业家能从繁复的信息中预测出未来市场的走向，并马上将其转化为决策的行动。信息也有价值，只要你利用得好，转眼间就能将其变成大把的钞票。竞争者在做决策前，都要对市场的形势做一下评估和预测，运筹帷幄才能旗开得胜。如果对市场的一切都不熟悉，不提前做出一个精确的预测就妄下决定，那么你肯定会在商战中死得很惨。商场如战场，竞争的残酷性让决策者一步也不能走错。

精明的预测是成功决策的前提，所以一个企业要发展，要提高经济效益，决策者就必须对国内外经济态势和市场要求有所了解，对与生产流通有关的各个环节非常熟悉，掌握各方面的最新最可靠的信息，找出最有利于企业发展的信息加以利用，这样才能使企业时刻走在时代的前沿，跟得上时代的发展。

1973年，爆发了全球性石油危机。美国通用、福特，日本丰田等汽车公司，由于决策者提前预测到汽车市场的变化趋势，就见机设计生产了大批油耗量低的小型汽车，以备市场骤变之需。果然，1978年全球性石油危机再次爆发时，这几个汽车公司的营业额都未受影响甚至还有所增加。而美国的K公司，却因为没有预测到市场的变化，在第一次全球性石油危机时，没有做出任何反应和举措，继续生产耗油量高的大型车。结果导致石油危机再次爆发时，无以应对，公司销量锐减，积货如山，每日损失高达200万美元，最后濒临破产。这就是有预测能力和无预测能力的差别。

在这个竞争如此激烈的市场中，决策者必须要有敏锐的眼光，做到审时度势，这样才能在企业之林中立于不败之地。

与之类似，诸葛亮火烧赤壁靠的是什么，靠的就是预测。一个智囊、军师、元帅靠的不是勇而是智，这智就是预测，就是判断。

当然，预测也离不开知识和经验，预测是在知识、经验的基础上做出来的。而决策又是在预测的基础上做出来的。所以，竞争者不能没有知识、没有经验，更不能没有预测能力。

对自己的未来，对形势的发展，对市场的变化，都要有先见之明，这样才能成为一个容易获得胜算的竞争者。没有有效的预测，就不会有英明的决策，这个道理放在哪里都适用。

2.懂得预测，成就霸业

只有懂得预测的人，才能做出成功的决策，决策的成功便预示着事业的辉煌。无论是在历史中还是在现实中，都有很多这样的例子。

春秋时期的范蠡，就是历史上一位预测家。他对战机，对自己的命运，对商机，对儿子的命运都有很精确的预测。当吴王阖闾为越军所伤致死后，阖闾之子夫差谨记父仇，三年日夜练兵以报越仇，勾践欲提前下手先攻吴。范蠡认为不可，奈何勾践不听，结果越军大败，几近为吴所灭。后来，勾践卧薪尝胆以俟时机灭吴自强，每次有点机会的苗头时，他都会先问范蠡，直到范蠡说可以才动手伐吴。结果，果真胜了。后来，勾践灭了吴。范蠡深知勾践的为人，已料到自己今后的命运，遂留书一封于文种，自己离开了越国。信上写着的正是现在非常知名的“飞鸟尽，良弓藏；狡兔死，走狗烹”。范蠡走了，成了流芳百世的陶朱公；而文种未走，则成了勾践剑下的冤死鬼。

这就是有无预测能力的差别。范蠡的预测力，还体现在“居无几何，致产数十万”上，体现在“久受尊名，不详”上，体现在“吾固知必杀其弟也”上。他因为对人、对事的洞察，所以能够精确地预测到事态的发展方向，因而总能做出正确的决定。这也是为什么他到哪里都能很出名，做什么都很成功的原因。

作为当今的竞争者，更要有洞察古今、预测未来的能力，要不然你只能等待着失败向你招手。现今香港的首富李嘉诚就是个很有预测能力的人。可以说，他能发家和他当年对市场做出正确的判断是分不开的。

20世纪50年代，初次创业的李嘉诚创办了名为“长江塑胶厂”的塑料玩具生产工厂。结果当时玩具市场已经饱和，工厂面临倒闭。就在李嘉诚一筹莫展的时候，他偶然在一份报纸上看到了一条消息，说当地一家小塑料厂将要制作塑料花销向欧洲。看到这个消息，李嘉诚骤然眼前一亮，马上想到了二战以来，欧美生活水平虽有所提高，但经济上却还没有种植草皮和鲜花的实力，因此塑料花必定会成为很好的替代品，被他们大量使用于装饰各种场合。这是个很大的需求市场，也是个很好的商机，于是李嘉诚马上决定企业转产生产塑料花，而正是这些塑料花，成就了今天的李嘉诚。

试想，如果当时李嘉诚没有看到这条信息，或者看到后也没有意识到信息背后隐藏的巨大商机，那还会有今天的李嘉诚吗？这确实很难说。只能说是这条信息造就了他，而他自己的预测能力成就了他。

李强和张勇同时受雇于一家超市，一样从底层干起。可不久后，两人的身份地位就大不一样了。李强由于受老总器重，职位是一升再升，一直升到部门经理；而张勇却像“被遗忘的角落”，仍然处于底层。为什么会有这么巨大的差别呢？原来正是因为李强每次做事时都有很强的预测能力，老板交代一件事，他能想到老板接下来会交代的一切可能的事情，因此把每件事都做得非常完美，让老板对他另眼相看，十分喜欢。而张勇，就没有什么预测能力，老板交代什么就做什么，只做老板交代的，根本不懂得灵活变通、思考老板交代的事情的深层含义，因此他只能处在底层。

所以说，我们不要羡慕别人的成功，要看到别人的优点，学习别人的优点。预测能力，是成功者必备的能力，无论是对生活还是对事业。只有拥有很强的预测能力，才能干出一番事业，成就你的霸业。

3.提高预测力的方法

明天是未知的深渊，但对于明天我们不是手足无措，我们可以预知未来。因为这世界存在着规律和趋势，未来是在现在基础上的发展，所以它不可能脱离现在而存在，在今天的身上能看到明天的影子。对于未来我们不是一无所知，我们可以通过预测略知一二。但这种预测能力不是每个人都有的，只有通过不断地学习、总结、观察、实践，才能练就一双穿越时空的慧眼。

知识是一切行动的基石，你有了知识才能真正地了解和参与这个世界；没有知识，就谈不上审时度势，预测未来。

所以，如果你想提高自己的预测能力，首先要具备那个行业所要求的基础知识。有了专业的知识，你才能真正了解这个行业的内情，才能知道行业大体的走势。当然，光有基础知识是不行的，你还得时常关注各种信息，比如时政、金融、科技、民生、娱乐等各方面相关的信息，不然你就会跟不上时代的发展，错过一些好的商机。

其次，你就要时刻关注各方面与行业相关的信息。有了知识和信息，还是不够的，你还得知道怎么利用它们。这就需要你多看一些行业成功人士的传记、语录和历史人物的传记等，从他们的人生中总结经验教训，择其优而学，被证明是错误的事情，就没必要再去经历一次，只做对的就好。

最后，还有一个非常重要的方面，就是要具备长远的思想，从一个事情看到它背后可能发生的第二、三、四件事情。只顾眼前，是没有出路的，要想在商业丛林中站稳脚跟，必须要具备走一步看五步、十步的能力。所以，如果你现在还只是做一天和尚撞一天钟的工作态度，那么要想提高预测能力就必须先得把这态度改了，做一件事情要想到这之后的一系列结果，久而久之你就会拥有不错的预测力了。

说白了，想要提高自己的预测力，平时做事的时候就要多想、多思考。商界成功人士大多有这样的共识：一个成功的企业家、一个成功的领导者，每天至多只用20%的时间处理日常事务，而另外80%的时间则用来思考企业的未来。

竞争者要生存，要具有市场竞争力，应付瞬息万变的市场竞争，就必须能够进行科学的预测，并在此基础上做出正确的判断和假设，采取有利的战略行动计划，否则企业就会在竞争中贻误商机，难逃失败的命运。

科学的预测，可以带来巨大的财富，也可以带来顺利的人生，所以，提高自己的预测能力是非常有必要的。从今天起，补充知识、关注信息、总结经验、思考未来吧！

费斯法则

1.不要怜新弃旧

费斯法则由P·S·费斯提出，内容是在拿到第二个以前，千万别扔掉第一个。步步为营，才能百战百胜，在激烈的市场竞争中，计划和调查有时并不能保证做出最好的决策。环境在不断的变化，竞争对手的行为也并非总能预测，消费者的行为也充满了不确定性和非逻辑性。欲在竞争中立于不败之地，就要做到在拿到新的东西之前，千万不要放掉你手中的东西，尤其是手中的东西对你来说很重要时更应该如此。

怜新弃旧，出自《东周列国志》，讲的是为了新欢抛弃旧爱。放到商场上，就是指为了新的利益而放弃已经拥有的利益，或者为了开拓新的市场而放弃原有的客户。这些都是不明智的行为，都不是一个精明的决策者应该有的想法。如果想把企业越做越大，就要一步一步来，在原有的基础上发展，而不是为了捉天上的蝴蝶就放弃到手的鲜鱼。

俗话说："饭要一口一口吃，路要一步一步走，钱要一点一点赚。"一口吃不出个胖子来，一步也登不了天，不要想一夜暴富，而要稳扎稳打，在竞争起步阶段是这样，在竞争发展阶段也是这样。要一个项目一个项目地做，一个单子一个单子地签，不要好高骛远，只想着要去摘那天上的星星，而忘了拿在手里的馍馍。先把手头的工作做好，再做下一步；先把到手的买卖做好，再去接下一个。先巩固已经占有的市场，再去开发新的。没有绝对的把握，千万不要丢掉手里的，去追求那未知的。

高锋是个聪明且踏实的人，大学毕业后到一家大公司做销售。没几年的时间，他就当上了销售部的经理。朋友问他为什么升职升得这么快，有没有什么秘诀之类的。他微微一笑，说秘诀就是："步步为营，稳扎稳打。尊重每一个客户，绝不放过任何一个有可能的客户。但最重要的是，不要为了追逐新客户而忽视已经谈妥的客户。"接着他就讲了一件他所经历的事情。几年前，当他还是个毛头小伙子的时候，每天的工作就是不断地约客户、见面、发名片、宣传产品。有一次，同时有好几家公司给了他回复。他非常高兴，就一一去拜访。一家小公司很快就与他达成了协议，有九成的把握要签下订单；另一家大公司也有一些意向，但把握没有那家小公司大。在一天中午，两家公司代表同时约他见面。他一下为难了，去哪个为好呢？他知道那个小公司会签的概率比较大，但大公司的单子更大些。思考良久，他决定先与小公司的代表见面，先拿下一个再说，不要为了那个没把握的单子丢了到手的生意。结果证明他是正确的，当天中午那家小公司的代表就与他签了合同，而那家大公司的代表不过是找他看一下方案，离签单还远得很呢。因为这个小公司的单子，他的事业打开了场面，慢慢地，单子签得越来越多，事业也越做越大。现在，他依然秉承当初的想法，一步一步地说服客户，先拿下把握大的再去找第二家。

可见，明智的竞争者要懂得坚守，就是不要随便放弃已有的利益。市场在不断地变化之中，竞争对手的行为也不是都能预测，消费者的行为也充满了不确定性和非逻辑性。要想在竞争中立于不败之地，就要做到在拿到新的东西之前，千万别放掉你手中的东西，尤其是手中的东西对你来说很重要时更应该如此。要明白有很多聪明人正在等着机会打败你，等着捡你手中的宝呢。

要珍惜自己拥有的，不要轻易地为了看似更美好的东西就放弃了手里的东西。最愚蠢的人莫过于还没有拿到新东西，就放弃已到手的宝贝。

2.先巩固到手的利益

在生活中，有很多人为了那虚无的下一站幸福，而抛弃了已经拥有的快乐；或为了更上一层楼，而赌上现有的身家性命，结果最终落得个身败名裂。所以，老人常说，拿到手里的才是自己的，守好了再去找别的。不要为了那不可预测的未来，赌上你现在所拥有的，不值得，不明智。

作为一个竞争者，千万不要急功近利、好高骛远，以为前方是天上掉下的馅饼，拼了命也要抢了来，却不知那往往是天大的陷阱；没有看到自己已经拥有的东西和自己的优势，一味地以为别人拥有的更好，却不知会输得更惨。这就像一个女人，不知道自己的魅力在哪里，为了和别人争抢同一个男人，而一味地改变自己，到最后既失去了那个男人也失去了自己和喜欢自己的人。无论是做人还是做事，都要求稳，不要轻易地做决定，要三思而后行；更不要为了还未到手的东西放弃自己已经拥有的。

现在似乎有一种流行病，就是浮躁。许多人总想一夜成名、一夜暴富。比如投资赚钱，不是先从小生意做起，慢慢积累资金和经验，再把生意做大，而是如赌徒一般，借钱做大投资、大生意，结果往往惨败。网络经济一度充满了泡沫，有人并没有认真研究市场，也没有认真考虑它的巨大风险性，只觉得这是一个发财成名的“大馅饼”，一口吞下去，最后没撑多久，草草倒闭，白白“烧”掉了许多钞票。

俗话说得好：滚石不生苔，坚持不懈的乌龟能快过灵巧敏捷的野兔。如果能每天学习1小时，并坚持12年，所学到的东西，一定远比坐在教室里接受4年高等教育所学到的多。正如布尔沃所说的：“恒心与忍耐力是征服者的灵魂，它是人类反抗命运、个人反抗世界、灵魂反抗物质的最有力支持，它也是福音书的精髓。从社会的角度看，考虑到它对种族问题和社会制度的影响，其重要性无论怎样强调也不为过。”

凡事不能持之以恒，正是很多人失败的根源。所以，培养不放弃的习惯对于一个竞争者尤为重要。希望下面的步骤对培养你的恒心有所帮助。

第一，合理的计划是你坚持下去的动力。如果没计划，东一榔头西一锤子，是做不好工作的。设计合理的计划表，不仅可以理顺工作的轻重缓急，提高效率，而且可以在无形之中督促自己努力工作，按时或超额完成计划。

制订可行的工作计划和执行计划时要注意，也许你愿意用硬性的东西约束自己，或希望有充分的灵活性，甚至等自己有了灵感的时候才动工。可是万一你正好没有灵感，整个礼拜都没兴致工作的话，怎么办呢？这样下去，你就可能失去坚持下去的耐心，对自己的创造能力产生怀疑。

至少开始的时候，你可以为自己安排一段单独的时间，试验自己的专长。按照进度，循序渐进，将使你做更多的工作——如果你想出类拔萃的话；如果你给自己安排的进度并不过分，可是你还是抗拒它的话，譬如，找借口拖延工作进度，那么你就得研究一下自己的动机了。计划的制订，将迫使你自问这个严酷的问题：我真的想做这件事吗？即使进行得不太顺利，我还是按部就班地做吗？如果答案是“是”，那么你是真的想得到成功，合理的计划表可以帮助你坚持下去。

第二，拥有越挫越勇的劲头。有的失败会转眼被我们忘记，有些挫折却会给我们留下深深的伤痛。但是，无论如何，我们都不应该因为挫折而停止前进的步伐，每个人都必须为目标奋斗。如果你不继续为一个目标奋斗，你不仅会失去信心，还会逐渐忘记自己有个目标；如果你不再继续坚持的话，就会开始怀疑自己是否能成功地实现计划所定的目标。

有时你也许会因为目前完不成一个小的目标，而改做其它的尝试，这种随便的做法是一种变相的放弃。千万不要拿困难做借口，改做另一个计划。

第三，既然有计划，就要实现它。当你坚持完成计划的要求，实现成功的目标后，你会更加坚定地做完以后的工作，这对培养你不轻言放弃的习惯会有很大的帮助。不把事情做完的话，你会觉得自己像个没有志气的懒虫；以后如果你不敢肯定是不是能把工作完成的话，就很难再开始做一件新的事情。这是非常重要的一点。因为从事的工作可以只花几个小时，也可能花许多年工夫，不管花多少时间，你都得面临这个问题：完成这件工作呢？还是放弃它？你最好从开始就搞清楚，自己是不是真的想完成它，如果不是，你何必花这些心力呢？

如果你是某一领域的专业人员，你的成功目标就是成为这一领域的翘楚，那么就不能单是把计划完成，你必须把作品展示出来，接受别人的批评。不要把你的小说只给一家出版社看，如果这一家不接受的话，就全盘放弃；你必须再接再厉，给很多家出版社看，一定要给自己作品充分的展示机会。

如果你为了完成这个计划已经付出了很多，那就坚持下去，也许最艰难的时候，就是离成功最近的时候。

作为竞争者，一定要先巩固到手的利益，再开拓新的市场。不能像狗熊掰棒子一样，掰一个扔一个，到最后什么也没得到；也不要在对手的攻击下就乱了分寸，慌了手脚，做出一些贸然的举措和决策。无论何时，无论何种情形之下，抓紧到手的利益才是上策。

史密斯原则

1.学会与敌人合作

如果你不能战胜他们，你就加入到他们之中去。没有永远的敌人，只有永远的利益。无论是合作还是竞争，说到底都是为了利益。这就是约翰·史密斯提出的一条著名的策略型原则——史密斯原则。

争，不单单意味着“你死我活”的争斗，也存在着“你为我用，我为你用”的合作。螳臂不能挡车，鸟卵不能击石，如果不能战胜对手，与其自寻死路，不如加入到他们之中去，学会与你的对方合作，达到一种双赢的效果。

从前，有一个农夫靠种地为生。一日，他见自己的农田旁边长有三丛灌木，越看越不顺眼。他认为这些灌木毫无用处，而且还耽误他种地。于是，他决定把这些灌木砍掉当柴烧。可他并不知道，每丛灌木中都住着一群蜜蜂。如果他把灌木砍了，蜜蜂们就无家可归了。因此，在农夫砍第一丛灌木时，里面的蜜蜂出来苦苦哀求：“亲爱的农夫，您把灌木砍了也得不到多少柴火，请您行行好，就看在我们为您传播花粉的分上，不要砍这丛灌木了！”农夫看看这些令他讨厌的灌木，摇摇头说：“即使没有你们，也会有别的蜜蜂为我传播花粉。”说着，抡起手中的斧头把第一丛灌木砍掉了。

第二天，农夫又来到农田边要砍第二丛灌木。突然，一大群蜜蜂飞了出来，对农夫嗡嗡叫道："可恶的农夫，你胆敢破坏我们的家园，我们就蜇死你！"说着，就朝农夫脸上蛰去。农夫的脸上立即出现了几个大包，又疼又痒。农夫一下怒不可遏，一把火烧了第二丛灌木。

第三天，当农夫正要砍第三丛灌木的时候，住在里面的那群蜜蜂的蜂王飞了出来，对农夫说："睿智的农夫啊，您难道真的要砍掉这些灌木吗？难道您没有意识到它会给您带来多少好处吗？我们蜂窝每年产出的蜂蜜和蜂王浆够您一年的吃喝；而这丛灌木质地细腻，养大了也准能卖个好价钱。"听了蜂王的话，农夫举着斧头的手慢慢放了下来。他觉得蜂王言之有理，决定和蜜蜂合作，做蜂蜜的生意。

就这样，第三群蜜蜂保住了自己的家园，靠的不是恳求和对抗，而是与对手合作。天下熙熙皆为利来，天下攘攘皆为利往，没有永远的敌人，只有永远的利益。农夫砍灌木是为了自己的利益，蜜蜂用更大的利益打动了农夫，用合作的方式留住了自己的家园。

当你的力量比对手弱时，恳求是不能引起同情的，反而会让对手更加瞧不起你，更想早些把你除掉，硬碰硬地对抗，敌我悬殊太大，只能是自取灭亡；这时只有智取，与对手合作，用利益打动他，达到双赢的目的，当然，要想让强大的对手与不起眼的你合作，你就必须让对手看到合作的利益会大大越过不合作，这样才能让对手下定决心与你合作，而不是与你为敌；而对于力量相对弱小的你来说，与强大的对手合作只有利而没有弊。不要以为是对手，就一定要摆出势不两立的派头，其实在利益的追逐中，今天的敌人也许就是明天的伙伴。还有这样一个故事：

在一个产柿子的地方，每年的秋天等柿子熟后，当地的农民都不会把每棵柿子树的柿子都摘完，而是留着树顶上的柿子不摘。外地人到那儿看到后都不明白，就问这些农民为什么不把那些柿子都摘去卖了。当地的农民给了一个让他们很讶异的答案："这些柿子是留给乌鸦的。"乌鸦？为什么会留给乌鸦呢？他们想不明白。那些农民就说："树上有柿子，乌鸦才会来，乌鸦来吃柿子，也会吃树上的虫子，这样柿子树就不会生病，就能保证明年柿子大丰收。"

这些农民也是在与敌人合作，乌鸦喜欢吃柿子，有时趁农民不备就会偷吃，既然如此，农民就主动地给乌鸦留柿子，让它们帮忙捉虫，这就是双赢。

在商场上，也是如此，要学会与自己的对手合作，在竞争中求进步，在合作中获利益。

2.竞争合作以求双赢

竞争与合作从来都不是对立的，它们是相互依存的，与竞争对手合作，与合作伙伴良性竞争，在竞争、合作中互相学习、共同进步。一切以更好的发展为目的，无所谓敌人朋友，只要存在共同的利益，都可以一起合作达到共赢

你可能不敢相信，为了能养出更好的羊，牧场主甚至可以和狼合作。

有一个牧场主养了许多羊。因为他的牧场所在的地方有狼，所以他的羊群总是受到狼的袭击。今天死两只，明天死两只，渐渐地羊群的数量越来越少。牧场主为此非常生气，对狼更是恨之入骨。有一天，又有几只羊被咬死了。牧场主再也忍受不了了，就花钱请了几位厉害的猎人把附近的狼全都消灭了。他想，这下可以高枕无忧了。结果却让他大吃一惊。没有狼后，羊变得很懒散，吃吃睡睡

生活很舒适，可它们的肉质变差了，当羊出栏时，‘销路大大不如以前。牧场主想不通这是为什么，现在他的羊越来越多了，却因为羊肉卖不上价，低廉的钱还不如以前有狼的时候多。带着疑问，他去咨询了专家。原来，都是他自己闯的祸。他把狼给消灭了，羊没有了天敌追赶也懒得跑动，这样羊肉的质量就会下降，自然影响价格；而且没有了狼，羊的繁殖越来越快，对当地的草场也不好，如果草场破坏过大，牧场主还得花大价钱修复草场，这更不划算。专家的建议是，请狼回来，与狼共处。牧场主没有办法，只好从别的地方买了几只狼回来，将信将疑地等待结果。不出专家所料，狼回来后，羊的品质上去了，草场也得到了应有的保护。牧场主终于明白了，狼不只是他的敌人，还可以是他的朋友，他的合作伙伴。

无独有偶，还有一个类似的故事。讲的是牧场主与猎户做朋友的故事。

一个养了许多羊的牧场主，和一个养了一群凶猛猎狗的猎户成了邻居。结果，那些猎狗经常跳过两家之间的栅栏，袭击牧场里的小羊羔。每次遇到这种事情，牧场主都只好去请猎户把猎狗关好，但猎户从来不以为意，只是口头上答应，从未有过行动。猎狗咬死、咬伤小羊的事依然经常发生。终于，牧场主忍无可忍，到镇上去找法官评理。法官听了他的控诉后，说了这么一段话：“我可以处罚那个猎户，也可以发布法令让他把猎狗锁起来，但这样一来你就失去了一个朋友，多了一个敌人。你是愿意和敌人做邻居，还是愿意和朋友做邻居？”牧场主想也没想就说：“当然是愿意和朋友做邻居了。”听了他的话，法官接着说：“那好，我给你出个主意，按我说的去做，不但可以保证你的羊群不再受骚扰，还会为你赢得一个友好的邻居。”仔细听了法官的主意，牧场主回到家中就照着做了。他从自己的羊群中挑了三只最可爱的小羊羔，送给猎户的三个儿子。猎户的儿子们看到洁白温顺的小羊羔如获至宝，每天放学都要在院子里和小羊羔玩耍嬉戏。为了防止猎狗伤害儿子们的小羊，猎户专门做了一个大铁笼，把狗结结实实地锁了起来。为了答谢牧场主的好意，猎户开始经常送些野味给他，而牧场主也不时用羊肉和奶酪回赠猎户；而且因为这些猎狗的存在，从没有人敢来偷牧场主的羊，也没有其他动物敢来他的牧场捣乱。从此，牧场主的羊再也没有受到骚扰，他与猎户还成了朋友。

足见，化敌为友，不是对立而是合作，用友好的方式达到最终的目的是再好不过了。下过跳棋的人都知道，6个人各霸一方，互相是竞争对手，又必须是合作伙伴。因为如果你想到达你的目的地，就必须得利用别人搭的桥，只有大家互相搭桥合作，才能最快地到达目的地。

如果我们只讲求合作，放弃竞争，一味地为别人搭桥铺路，那别人就会先到达目的地，而自己只有等待失败收场；相反，如果我们只注意竞争，而忽视合作，一心只想拆别人的路，反而会延误自己的正事，自己依然无法获胜。所以，要在竞争中合作，在合作中竞争，求得双赢。

罗杰斯论断

1.未雨绸缪，有备无患

成功的企业不会等待外界的影响来决定自己的命运，而是始终向前看。这个论断的提出者是美国的P·罗杰斯。

对待问题的态度应该像对待疾病的态度一样，在身体有些不适的时候，就要及时治疗以免病情发展得更为严重，甚至无法医治，对问题也是这样，及早地预见问题，将其消灭于萌芽状态，才能有效地解决问题。

真正精明的人对自己所处的环境总是富有洞察力，一旦察觉到对自己不利的势力，在刚看出端倪时就会出手打压，将其扼杀在摇篮之中。否则，坐视其发展壮大到和自己旗鼓相当，甚至强于自己时，就会养虎为患，一切都来不及了。

在生活中，学会未雨绸缪、防微杜渐，将一切不利的因素消除在萌芽状态，将自己的危险降到最低，无疑是明智之举。

未雨绸缪、防微杜渐是人生智慧。竞争之中，常常强调“冬天”的人，日子未必艰难；一直浸润在“春天”里的人，“冬天”或许会提前到来。

微软公司创始人比尔·盖茨常说：“微软离破产只有18个月。”居安思危是审时度势的理性思考，是在超前意识前提下的反思，是不敢懈怠、兢兢业业、勇于进取的积极心志。

世界著名的信息产业巨子，英特尔公司的前总裁安迪·葛罗夫，在功成身退之后回顾自己创业的历史，曾深有感触地说：“一些危机感强烈，恐惧感强烈的人，才能够生存下去。

英特尔成立时葛罗夫在研发部门工作。1979年，葛罗夫出任公司总裁，刚一上任他立即发动攻势，声称在一年内从摩托罗拉公司手中抢夺2000个客户，结果英特尔最后共赢得2500个客户，超额完成任务。此项攻势源于其强烈的危机意识，他总担心英特尔的市场会被其他企业占领。1982年，由于美国经济形势恶化，公司发展趋缓，他推出了“125%的解决方案”，要求雇员必须发挥更高的效率，以战胜咄咄逼人的日本企业。他时刻担心，日本已经超过了美国。在销售会议上，身材矮小、其貌不扬的葛罗夫，用拖长的声调说：“英特尔是美国电子业迎战日本电子业的最后希望所在。”

危机意识渗透到安迪·葛罗夫经营管理的每一个细节中。1985年的一天，葛罗夫与公司董事长兼CEO摩尔讨论公司目前的困境。他问：“假如我们下台了，另选一位新总裁，你认为他会采取什么行动？”摩尔犹豫了一下，答道：“他会放弃存储器业务。”葛罗夫说：“那我们为什么不自己动手？”1986年，葛罗夫为公司提出了新的口号——“英特尔，微处理器公司”，帮助英特尔顺利地走出了这一困境。其实，这皆源于他的危机意识。

1992年，英特尔成为世界上最大的半导体企业。此时英特尔已不仅仅是微处理器厂商，而是整个计算机产业的领导者。1994年，一个小小的芯片缺陷，将葛罗夫再次置于生死关头。12月12日，IBM宣布停止发售所有奔腾芯片的计算机。预期的成功变成泡影，一切变得不可捉摸，雇员心神不宁。12月19日，葛罗夫决定改变方针，更换所有芯片，并改进芯片设计。最终，公司耗费相当于奔腾

5年广告费用的巨资完成了这一工作。英特尔活了下来，而且更加生气勃勃，是葛罗夫的性格和他的危机意识再次挽救了公司。

在葛罗夫的带领下，英特尔把利润中非常大的部分花在研发上。葛罗夫那句“只有恐惧、危机感强烈的人，才能生存下去。”的名言已成为英特尔企业文化的象征。

居安思危方可安身，贪图逸豫则会亡身。只有如葛罗夫那样充满危机意识，我们才能在激烈的竞争中保持不败的境地。每一个竞争者都要把葛罗夫的例子装在心中，将“永远让自己处于危机与恐惧中”的话记在心中。只有时时提醒自己不断进步，才能在竞争激烈的环境中生存下来，开创出属于自己的艳阳天。

2.培养自己的预见力

未来是不确定的，计划在不确定因素面前无能为力，所以你必须随机应变，前提是你必须拥有确定的目标和长远的计划。

我们很容易被眼前的利益蒙蔽了双眼，从而忽视潜伏于远方的危险，在不知不觉中失败。因此，我们一定要高瞻远瞩，培养自己预见未来的能力。

公元前415年，雅典人准备攻击西西里岛，他们以为战争会给他们带来财富和权力，但是他们没有考虑到战争的危险性和西西里人抵抗战争的顽强性。由于求胜心切，战线拉得太长，他们的力量被分散了，再加上西西里人团结一致，他们更难以应付了。雅典的远征导致了自身的覆灭。

胜利的果实的确诱人，但远方隐约浮现的灾难更加可怕。因此，不要只想着胜利，还要想到潜在的危险，这种危险有可能是致命的。不要因为眼前的利益而毁了自己。被欲望蒙蔽了双眼的人，他们的目标往往不切实际，会随着周围状况的改变而改变。

我们应时刻保持清醒的头脑，根据变化随时调整自己的计划。世事变幻莫测，我们必须具有一定的预见未来的能力，过分苛求一项计划是不明智的，实现目标可以有多种途径，不要抓住一个不放。

预见未来的能力可以通过实践探索慢慢培养。要有明确的目标，但必须实事求是地对客观现状进行分析评估；计划要周密，模糊的计划只能让你在麻烦中越陷越深。

卡贝的思想

1.走不通就另辟蹊径

放弃是创新的钥匙，在未学会放弃之前，你将很难懂得什么是争取。这是卡贝的思想。

不是所有的事情都是坚持才会有好的结果，有的时候懂得放弃才是上策。人生有限，机会有限，选择最有利于自己的，放弃那些不适合的，这样你才能用最短的时间，付出最少的成本，获得最大的利益。不要固执，走不通就另辟蹊径，不要在没有结果的事情上投入太多的精力。在印度的热带丛林里，流传着一种奇特的捕猴法。这里的人们在捉猴子时，会先拿出一个小木盒，在木盒里装上猴子爱吃的坚果，然后把盒子固定起来。再在盒子上开一个刚好够猴子的前爪伸进去的小口，这样猴子一旦抓住坚果，爪子就抽不出来了。用这种方法，常常能捉到猴子。这是因为猴子的一种习性：不肯放下已到手的东西。这时，人们总是嘲笑猴子的愚蠢：为什么不松开爪子放下坚果逃命呢？但在现实生活中，又有多少像这些猴子一样的人在犯着同样的错误呢。

懂得放弃，是放弃错误，收获光明。不要像这猴子一样，为了一点蝇头小利而丢了性命，也不要不撞南墙不回头，发现此路不通，就要赶快另取它路。人生有很多个选择，不要以为放掉了一个就失去了所有，有时候只有放弃了才能获得。

瑞士军事理论家菲米尼有句名言：“一次良好的撤退，应与一次伟大的胜利一样受到奖赏。”该放弃的时候，要勇于放弃，放弃需要更多的勇气与智慧。

以个人或企业的发展为例，我们不可能在竞争中做到万无一失，只能放弃一些不利于发展或者对个人、企业帮助较小的东西，来谋取更大的收获。过去的成就，不代表将来的辉煌，决策者要懂得放弃光环。

大多数人都很难拒绝过去那些效果很好的技术和战略对我们的诱惑，也很难看到采用新战略和新技术的必要性。不伸开拳头，就很难抓到更多更新的东西，所以不要固守过去，也不要坚持错误，懂得放弃，才能开创更美好的天地。

长期居于世界手表行业销售榜首位的日本钟表企业精工舍，之所以会有这样的成就，就是因为该企业的第三任总经理服部正次的放弃战略。作为钟表企业，都会把瑞士这个钟表王国作为对手，来努力提高自己的质量，服部正次也不例外。在他上任初期，他一直把企业的发展方向定为质量赶超瑞士，可结果却很不理想，10多年的努力几乎是白费力气。就是在这时，服部正次清楚地认识到与瑞士比质量是行不通了，于是他迅速地带领精工舍另走新路，不再在机械表上比质量，而是研发出比机械表更好的新产品。有这个思路后，服部正次就带领自己的科研人员刻苦钻研，终于在几年后，开发出了比机械表走时更准确的石英电子表。产品一推出，就大获全胜，甚至赢得世界手表销售的首位的荣誉。

这就是懂得放弃的回报，那条路被堵死了，没必要非得把它闯开，走另一条路也能看到柳暗花明，说不定景色更加秀丽。在竞争中，我们一定不要犯固执己见的错误，也不要贪得无厌，要懂得适时地放弃，才是成功的保证。

2.学会适时放弃

上帝在关上你的一扇门的时候，会打开另一扇窗，或者打开一扇门。所以，不要害怕失去，失去的同时你可能会得到更多。

在选择中要懂得放弃，只有放弃了错误才能走向正确。比尔·盖茨曾说过："人生是一场大火，我们每个人唯一可做的，就是从这场大火中多抢一点东西出来。"在火中抢东西，一定要注意主次，没有多少时间供我们考虑，尽可能挑最重要的拿，而放弃那些相比之下次要的东西。

在生活中，当我们努力争取的东西与目标无关，或者目前拥有的东西已成为负累，或者劣势大于优势时，那么坚持还不如放弃。当你放弃了不该追求的东西后，你可能会突然发现，你已经拥有了你曾争取过而又未得到的东西。就像电影《卧虎藏龙》里那句经典台词说的一样："当你紧握双手，里面什么也没有；当你打开双手，世界就在你手中。"你越是拼命想抓住的东西，就越是得不到；相反，如果你学会了放弃，你会发现幸福就在身边。

人的时间和精力都是有限的，不可能得到所有你想要的东西，你只能挑最想要的为之奋斗。想要拥有一切的人，往往最终什么也得不到。在未学会放弃之前，你将很难懂得什么是争取。如果不懂得放弃，就无法做出决策。

竞争中，我们不可能每个机会都去尝试，也不可能每个领域都获得成功，放弃自己不擅长的，放弃没有结果的尝试，放弃过多的欲望，放弃错误的坚持。这样，才能成为真正的赢家。

松下幸之助就是一位敢于放弃，懂得适时放弃的精明人。他领导松下集团走过了风风雨雨，创下了一个又一个商业奇迹。20世纪五六十年代，很多世界性的大公司都纷纷投入到大型电子计算机的研发和生产中来，以为这种高新科技会带来新的收益奇迹，松下通信工业公司也不例外地投入其中。可是1964年，在松下花费了5年时间，投入了高达10亿日元的研究开发资金，研发也很快要进入最后阶段的时候，松下公司突然决定全盘放弃，不再做大型电子计算机。这是松下幸之助的决定，他考虑到大型计算机的市场竞争太激烈，如果一招不慎，很可能使整个公司陷入危机。到那时再撤退，可能就为时已晚了，还是趁没有陷入泥潭前，先拔出脚为好。结果，事实证明松下幸之助的决定是完全正确的。之后的市场正像松下预测的那样，而西门子、RCA等这种世界性的公司也陆续放弃了大型计算机的生产。

松下幸之助的成功，当然与他非凡的预测力是分不开的，但是更重要的是他懂得适时放弃的品质。做决策靠的就是果断，知道这条路是错的，就要立即调转头回到正确的路上去，不要为过去的付出斤斤计较，在错误的路上走得越远，只能失去得更多。

赌徒就是因为不懂得放弃，才会倾家荡产，总是不甘心过去输掉的钱，总是想着把本钱捞回来，而结果往往是输得更惨。

有些骗子，也是利用人们不懂得放弃的弱点来到处行骗。当你特别想得到某件东西时，你就会迷失自己；当你付出了成本时，你就总想着得到回报。网上有很多这样的诈骗者，利用你想要购买某物的急切心理，告诉你先交定金，到时把货邮寄给你；结果一般是定金打了水漂，有去无回。这时懂得放弃，损失的也就是那些定金。可有些人依然执迷不悟，明知道是骗局还是一个劲地往里钻，主动自愿地把剩下的金额都打过去，结果只能是赔得更惨。在现实中，还有很多这样的例子。

一个青年去向富翁请教成功之道。富翁什么话也没说，从冰箱里拿出三块大小不等的西瓜放在青年面前。问道："如果这里的每块西瓜代表一定程度的利益，你会选哪块？"青年人不假思索，直接答道："当然是最大的那块！"富翁笑了："那好，请用吧！"说着，富翁把最大的那块西瓜递给了青年，而自己却拿起最小的那块吃了起来。很快，富翁就把手里那块最小的西瓜吃完了，然后得意扬扬地拿起剩下的那块西瓜在青年面前晃了晃，大口吃了起来。青年顿时明白了富翁的意思：这些西瓜都代表着一定程度的利益，谁吃得最多谁拥有的利益就最大。虽然自己挑了最大的，可富翁却比自己吃得多，那么富翁占的利益自然也比自己多。

在竞争中取胜，其实就像吃西瓜一样，要想使自己有大的发展，成为最后的赢家，就要有战略的眼光，要学会适时放弃，这样才能获益更多。

6

Chapter 6

从自我提升到自我突破

首因效应

1.第一印象很重要

首因效应又叫第一印象效应，指交往双方形成的第一次印象对今后交往关系的影响，也即是“先入为主”带来的效果。虽然这些第一印象并非总是正确的，但却是最鲜明、最牢固的，并且决定着以后双方交往的进程。

当今社会，大家都认为工作不好找，尤其是刚毕业的学生。其实，如果把握好求职时的第一印象，效果往往会出乎意料。

一个新闻系的毕业生正急于找工作。一天，他到某报社对总编说：“你们需要一个编辑吗？”

“不需要！”

“那么记者呢？”

“不需要！”

“那么排字工人、校对呢？”

“不，我们现在什么空缺也没有了。”

“那么，你们一定需要这个东西。”说着他从公文包中拿出一块精致的小牌子，上面写着“额满，暂不雇用”。总编看了看牌子，微笑着点了点头，说：“如果你愿意，可以到我们广告部工作。”

这个大学生通过自己制作的牌子，表现了自己的机智和乐观，给总编留下了良好的“第一印象”，引起对方极大的兴趣，从而为自己赢得了一份满意的工作。这也是为什么当我们进入一个新环境，参加面试，或与某人第一次打交道的时候，常常会听到这样的忠告："要注意你给别人的第一印象噢！"

也许你会好奇，第一印象真的有那么重要，以至于在今后很长时间内都会影响别人对你的看法吗？心理学家曾做了这样一个实验：

心理学家设计了两段文字，描写一个叫吉姆的男孩一天的活动。其中，一段将吉姆描写成一个活泼外向的人：他与朋友一起上学，与熟人聊天，与刚认识不久盼女孩打招呼等；另一段则将他描写成一个内向的人。

研究者让一些人先阅读描写吉姆外向的文字，再阅读描写他内向的文字；而让另一些人先阅读描写吉姆内向的文字，后阅读描写他外向的文字，然后请所有的人都来评价吉姆的性格特征。

结果，先阅读外向文字的人中，有78%的人评价吉姆热情外向；而先阅读内向文字的人中，则只有18%的人认为吉姆热情外向。

由此可见，第一印象真的很重要！事实上，人们对你形成的某种第一印象，往往日后也很难改变。而且，人们还会寻找更多的理由去支持这种印象。有的时候，尽管你的表现并不符合原先留给别人的印象，但人们在很长一段时间仍然要坚持对你的最初评价。例如，一对结婚多年的夫妻，最清晰难忘的，是初次相逢的情景：在什么地方、什么情景，站的姿势，开口说的第一句话，甚至窘态和可笑的样子。这些都记得清清楚楚，终生难忘。

2.成功打造第一印象

知道了第一印象的重要性，现在我们来谈谈应该怎样给人留下良好的第一印象。

通常，第一印象包括相貌、谈吐、服饰、举止、神态，对于感知者来说都是新的信息，它对感官的刺激也比较强烈，有一种新鲜感。这好比在一张白纸上，第一笔抹上的色彩总是十分清晰、深刻一样。随着后来接触的增加，各种基本相同的信息的刺激，也往往盖不住初次印象的鲜明性。所以，第一印象的客观重要性还是显而易见的，并在以后交往中起了“心理定式”作用。

如果你与人初次见面就不言不语、反应缓慢，给人的第一印象基本就是呆板、虚伪、不热情，对方就可能不愿意继续了解你，即使你尚有许多优点，也不会被人接受；而如果你给人留下的第一印象是风趣、直率、热情，即使你身上尚有一些缺点，对方也会用自己最初捕捉的印象帮你掩饰短处。

通常来说，想给他人留下良好的第一印象，必须要牢记以下5点：

（1）言行举止讲究文明礼貌。

语言表达要简明扼要，不乱用词语；别人讲话时，要专心地倾听，态度谦虚，不随便打断；在听的过程中，要善于通过身体语言和话语给对方以必要的反馈；不追问自己不必知道或别人不想回答的事情，以免给人留下不好的印象。

（2）仪表、举止得体。

脱俗的仪表、高雅的举止、和蔼可亲的态度等是个人品格修养的重要部分。在一个新环境里，别人对你还不完全了解，过分随便有可能引起误解，产生不良的第一印象。当然，仪表得体并不是非要用名牌服饰包装自己，更不是过分地修饰，因为这样反而会给人一种轻浮浅薄的印象。

（3）显露自信和朝气蓬勃的精神面貌。

自信是人们对自己的才干、能力、个人修养、文化水平、健康状况、相貌等的一种自我认同和自我肯定。一个人要是走路时步伐坚定，与人交谈时谈吐得体，说话时双目有神，目光正视对方，善于运用眼神交流，就会给人以自信、可靠、积极向上的感觉。

（4）微笑待人，不卑不亢。

第一次见面，热情地握手、微笑、点头问好，都是把友好的情意传递给对方的途径。在社会生活中，微笑已成为典型的人性特征，有助于人们之间的交往和友谊。但与别人第一次见面，笑要有度，不停地笑有失庄重；言行举止也要注意交际的场合，过度的亲昵举动，难免有轻浮油滑之嫌，尤其是对有一定社会地位的朋友，不应表露巴结讨好的意思。趋炎附势的行为不仅会引起当事人的蔑视，连在场的其他人也会瞧不起你。

（5）讲信用，守时间。

现代社会，人们对时间愈来愈重视，往往把不守时和不守信用联系在一起。若你第一次与人见面就迟到，可能会造成难以弥补的损失，最好避免。

交际需要适当的距离

1.保持一定的“距离”

生物学家做过一个实验：在冬季的一天，把十几只刺猬放到户外空地上。这些刺猬被冻得浑身发抖，为了取暖紧紧地靠在一起，而相互靠拢后，它们身上的长刺又把同伴刺疼，很快就分开了。但寒冷又迫使大家再次围拢，疼痛又迫使大家再次分离。如此反复多次，它们终于找到了一个较佳的位置——保持一个忍受最轻微疼痛又能最大限度取暖御寒的距离。其实，人与人之间亦是如此，良好交际需要保持适当的距离。

这种距离，有时是环绕在人体四周的一个抽象范围，用眼睛没法看清它的界限，但它确确实实存在，而且不容他人侵犯。

当别人过于接近你时，你可以通过调整自己的位置来逃避这种接近的不快感；但是空间里挤满了人无法改变时，你只好以对其他乘客漠不关心的态度来忍受心中的不快，所以看上去神态木然。

关于这方面，一位心理学家曾做过这样一个实验：在一个刚刚开门的阅览室，当里面只有一位读者时，心理学家进去拿了把椅子，坐在那位读者的旁边。实验进行了整整80个人次。结果证明，在一个只有两位读者的空旷阅览室里，没有一个被试者能够忍受一个陌生人紧挨自己坐下。当他坐在那些读者身边后，被试者不知道这是在做实验，很多人选择默默地远离到别处坐下，甚至还有人干脆明确表示：“你想干什么？”

这个实验向我们证明了，任何一个人，都需要在自己的周围有一个自己可以把握的自我空间。如果这个自我空间被人触犯，就会感到不舒服、不安全，甚至恼怒起来。

所以，我们在现实生活中，在人际交往中，一定要把握适当的交往距离，就像前面互相取暖的刺猬那样，既互相关心，又有各自独立的空间。

2.交际中的距离

既然距离在人际交往中如此重要，那么，究竟保持多远的距离才合适呢？一般而言，交往双方的人际关系以及所处情境决定着相互间自我空间的范围。

美国人类学家爱德华·霍尔博士划分了4种区域或距离，各种距离都与双方的关系相称。

（1）公众距离。

通常，这个距离指公开演说时演说者与听众所保持的距离。其近范围为12—25英尺（约3.7—7.6米），远范围在25英尺之外。这是一个几乎能容纳一切人的“门户开放”的空间，人们完全可以对处于空间内的其他人“视而不见”、不予交往，因为相互之间未必发生一定联系。因此，这个空间的活动，大多是当众演讲之类。当演讲者试图与一个特定的听众谈话时，他必须走下讲台，使两个人的距离缩短为个人距离或社交距离，才能够实现有效沟通。当然了，人际交往的空间距离不是固定不变，它具有一定的伸缩性，这依赖于具体情境、交谈双方的关系、社会地位、文化背景、性格特征、心境等。

（2）社交距离。

这个距离已超出了亲密或熟人的人际关系，而是体现出一种社交性或礼节上的较正式关系。其近范围为4—7英尺（1.2—2.1米），一般在工作环境和社交聚会上，人们都保持这种程度的距离；社交距离的远范围为7—12英尺（2.1—3.7米），表现为一种更加正式的交往关系。

例如，公司的经理们常用一个大而宽阔的办公桌，并将来访者的座位放在离桌子一段距离的地方，这就是为了与来访者谈话时能保持一定的距离。还有，企业或国家领导人之间的谈判、工作招聘时的面谈、教授和大学生的论文答辩等，往往都要隔一张桌子或保持一定距离，这样就增加了一种庄重的气氛。

（3）个人距离。

这是人际间隔上稍有分寸感的距离，较少有直接的身体接触。个人距离的近范围为1.5—2.5英尺（46—76厘米），正好能相互亲切握手，友好交谈。这是与熟人交往的空间，陌生人进入这个范围会构成对别人的侵犯。个人距离的远范围是2.5—4英尺（76—122厘米），任何朋友和熟人都可以自由地进入这个空间。不过，在通常情况下，较为融洽的熟人之间交往时保持的距离更靠近远范围的近距离（2.5英尺，即76厘米）一端，而陌生人之间谈话则更靠近远范围的远距离（4英尺，即122厘米）一端。

人际交往中，亲密距离与个人距离通常都是在非正式社交情境中使用，在正式社交场合则使用社交距离。

（4）亲密距离。

亲密距离，即我们常说的“亲密无间”，是人际交往中的最小间隔，其近范围在6英寸（约15厘米）之内，彼此间可能肌肤相触、耳鬓厮磨，以至相互能感受到对方的体温、气味和气息；其远范围是6—18英寸（15—44厘米），身体上的接触可能表现为挽臂执手，或促膝谈心，仍体现出亲密友好的人际关系。

这种亲密距离属于私下情境，只限于在情感联系上高度密切的人之间使用。在社交场合，大庭广众之下，两个人（尤其是异性）如此贴近，就不太雅观。在同性别的人之间，往往只限于贴心朋友，彼此十分熟识而随和，可以不拘小节，无话不谈；在异性之间，只限于夫妻和恋人之间。因此，在人际交往中，一个不属于这个亲密距离圈子内的人随意闯入这一空间，不管他的用心如何，都是不礼貌的，会引起对方的反感，也会自讨没趣。

了解了交往中人们所需的自我空间及适当的交往距离，我们就能够有意识地选择与人交往的最佳距离；面且，通过空间距离的信息，还可以很好地了解一个人的实际社会地位、性格以及人们之间的相互关系，更好地进行人际交往。

投射效应的表现

1.“投射”的心结

东坡先生和佛印和尚是好友，一天，东坡先生去拜访佛印，与佛印相对而坐，东坡先生对佛印开玩笑说：“我看你是一堆狗屎。”而佛印则微笑着说：“我看你是一尊金佛。”东坡先生觉得自己占了便宜，很是得意。回家以后，东坡先生得意地向妹妹提起这件事，苏小妹说：“哥哥你错了。佛家说‘佛心自现’，你看别人是什么，就表示你看自己是什么。”

也许你会一笑而过，但苏小妹的话确实是有道理的。

你可能要问苏小妹的话为何有道理。从心理学角度，她正好指出了人喜欢把自己的想法投射到他人身上的投射效应。俗语说的“以小人之心，度君子之腹”心结，讲的就是小人总喜欢用自己卑劣的心意去猜测品行高尚的人。

与之类似，曾有这样一个有趣的笑话：

一天晚上，在漆黑偏僻的公路上，一个年轻人的汽车抛了锚——汽车轮胎爆炸了。

年轻人下来翻遍了工具箱，也没有找到千斤顶。怎么办？这条路很长时间都不会有车子经过。他远远望见一座亮灯的房子，决定去那户人家借千斤顶。可是他又有许多担心，在路上，他不停地想：

“要是没有人来开门怎么办？”

“要是没有千斤顶怎么办？”

“要是那家伙有千斤顶，却不肯借给我，该怎么办？”

顺着这种思路想下去，他越想越生气。当走到那间房子前，敲开门，主人一出来，他冲着人家劈头就是一句；“你那千斤顶有什么稀罕的！”

主人一下子被弄得丈二和尚摸不着头脑，以为来的是个精神病人，就“砰”的一声把门关上了。

我们不难发现，这个年轻人错就错在把自己的想法投射到了主人的身上。

在人际交往中，认识和评价别人的时候，我们常常免不了要受自身特点的影响，我们总会不由自主地以自己的想法去推测别人的想法，觉得既然我们这么想，别人肯定也这么想。例如，贪婪的人，总是认为别人也都嗜钱如命；自己经常说谎，就认为别人也总是在骗自己；自己自我感觉良好。就认为别人也都认为自己很出色。

1974年，心理学家希芬鲍尔曾做了这样一个实验：

他邀请一些大学生作为被试者，将他们分为两组。给其中一组学生放映喜剧电影，让他们心情愉快；而给另外一组学生放映恐怖电影，让他们产生害怕的情绪。然后，他又给这两组学生看相同的一组照片，让他们判断照片上人的面部表情。

结果，看了喜剧电影心情愉快的那组大学生判断照片上的人也是开心的表情，而看了恐怖电影心情紧张的那组大学生则判断照片上的人是紧张害怕的表情。

这个实验说明，被试的大部分学生将照片上人物的面部表情视为自己的情绪体验，即将自己的情绪投射到他人身上。

其实，投射效应的表现形式除了将自己的情况投射到别人身上外，还有另一种表现——感情投射。即对自己喜欢的人或事物越看越喜欢，越看优点越多；对自己不喜欢的人或事物越看越讨厌，越看缺点越多。这种情况多发生在恋爱期间，如在热恋时人们喜欢在周围人面前吹嘘自己的另一半如何完美无缺；一旦失恋，对对方的憎恨之情溢于言表，并言过其实。

所以，知道了投射效应在人际交往的过程中会造成我们对其他人的知觉失真，就要在与人交往的过程中保持理性，避免受这种效应的不良影响。

2.走出投射效应误区

哲学上曾讲过，对任何事物我们都应辩证地去看。没错，投射效应也不例外。

一方面，这种效应会使我们拿自己的感受去揣度别人，缺少了人际沟通中认知的客观性，从而造成主观臆断并陷入偏见的深渊，这是需要我们克服的。《庄子·天地》中记载了这样一个故事：

尧到华山视察，华封人祝他“长寿、富贵、多男子”，尧都辞谢了。华封人说：“寿、富、多男子，人之所欲也；汝独能不欲，何邪？”尧说：“多男子则多惧，富则多事，寿则多辱。是三者，非所以养德也，故辞。”

通过这个故事，我们发现，人的心理特征各不相同，即使是“富、寿”等基本目标，也不能随意“投射”给任何人。

由于产生投射效应是主观意识在作祟，所以我们可以通过时刻保持理性，克服潜意识和惯性思维，让事物的发展规律还原它本来的面目，从而消除这种效应带来的不良影响。

首先，我们要客观地认清别人与自己的差异，不断完善自己，不能总是以己之心度人之腹。其次，我们要承认和尊重差异，多角度、全方位地去认识别人。最后，为了避免投射效应，我们需要学会换位思考，也就是设身处地地站在对方的立场上去看别人。与人交往时，如果我们能站在对方的立场上，为对方着想，理解对方的需要和情感，就能与他人进行很好的交流和沟通，也更容易达成谅解和共识。

另一方面，我们也不可否认，因为人性有相通之处，有时不同的人的确会产生相同的感受。那么，我们就可以利用一个人对别人的看法来推测这个人的真正意图或心理特征。正如钱钟书说“自传其实是他传，他传往往却是自转”，要了解某人，看他的自传，不如看他为别人做的传。因为作者恨不得化身千千万万来讲述不方便言及或者即便说了别人也不能相信的发生在作者身上的真实故事。

例如，你在帮公司招聘人员的时候，想了解求职者真实的应聘目的，就可以设计这样的问题：你应聘本公司的主要原因是什么？

A.工作轻松　B.有住房　C.公司理念符合个人个性　D.有发展前途E.收入高

你认为跟你一起到本公司应聘的其他人的主要原因是什么？

A.工作轻松　B.有住房　C.公司理念符合个人个性　D.有发展前途E.收入高

显然，第一个题目并没有多大意义，大部分求职者都会选择C

或D；第二个题目，则可以考察求职者的心理投射，求职者一般会根据自己内心的真实想法来推测别人，其答案往往也就是求职者内心的想法。

那么，在干部谈话或招聘等过程中，我们就可以利用投射效应了解交际对象的态度和动机，为我们带来积极的意义。

因此，对待交际中的投射效应，我们要学会辩证地看待其影响，用理智避开它不利的一面，用智慧运用好它有利的一面。

人际交往中的自我暴露定律

1.适当的自我暴露

你有自己的小秘密吗？你是否发现自己与身边最亲密的人往往共同分享着彼此的许多秘密，而对于那些交情一般的人，你们之间几乎任何秘密都没有？你还可以回想一下，与最好的朋友的友谊，是不是从那一次你们两人互诉真心开始建立的？想必，你对上述几个问题的答案基本都是“是”。无需奇怪，这就是人际交往中的自我暴露定律。

研究交际心理学的人士曾指出，让人家看到自己的缺点或弱点，人家才会觉得你真实可信，不存虚假，从而产生亲近感；反之，完全把自己“藏起来”，就会使人感觉造作、虚伪、有压力。

小敏是宿舍中最擅长交际的一个，并且人也长得漂亮。但同宿舍甚至同班的其他女孩都找到了自己的男朋友，唯独漂亮、擅长交际的小敏仍是独自一人。

为什么呢？她身边的同学都表示，她太神秘，别人很难了解她。和她有过接触的男同学也说，刚开始和她交往时，感觉她是个活泼开朗的女孩，但时间一长，就发现她其实很封闭。

原来，小敏一直对自己的私生活讳莫如深，也从不和别人谈论自己，每当别人问起时，她就把话题岔开，怪不得同学们都觉得她神秘呢！

生活中有一些人相当封闭，当对方向他们说出心事时，他们却总是对自己的事情闭口不谈。但这种人不一定都是内向的人，有的人话虽然不少，但是从不触及自己的私生活，也不谈自己内心的感受。

人之相识，贵在相知；人之相知，贵在知心。要想与别人成为知心朋友，就必须表露自己的真实感情和真实想法，向别人讲心里话，坦率地表白自己、陈述自己、推销自己，这就是自我暴露。

当自己处于明处，对方处于暗处，你一定不会感到舒服。自己表露情感，对方却讳莫如深，不和你交心，你一定不会对他产生亲切感和信赖感。当一个人向你表白内心深处的感受，你可以感到对方信任你，想和你进行情感的沟通，这就会一下子拉近你们的距离。

在生活中，有的人知心朋友比较多，虽然他（她）看起来不是很擅长社交。如果你仔细观察，会发现这样的人一般都有一个特点，就是为人真诚，渴望情感沟通。他们说的话也许不多，但都是真诚的。他们有困难的时候，总会有人来帮助，而且很慷慨。

而有的人，虽然很擅长社交，甚至在交际场合中如鱼得水，但是他们却少有知心朋友。因为他们习惯于说场面话，做表面工夫，交朋友又多又快，感情却都不是很深。因为他们虽然说很多话，却很少暴露自己的真实感情。

要明白，人和人在情感上总会有相通之处。如果你愿意向对方适度袒露，就会发现相互的共同之处，从而和对方建立某种感情的联系。向可以信任的人吐露秘密，有时会一下子赢得对方的心，赢得一生的友谊。若希望结交知心朋友，你不妨先对他们敞开心扉！

2.暴露自己要有度

人们常说："凡事要有度，凡事不能过度。"一点儿也没错，在交际中，自我暴露是赢得他人好感的有效方式，但这种暴露同样要做到"适度"。

小鱼是某大学的研究生，刚入学不久，她就把同班同学"雷"到了。一天上午课间，坐在前排的她转过身和一位同学借笔记，笔记还回来时里竟然夹了一张男生的照片，于是小鱼打开了话匣子，跟后面的同学聊了起来，说那是她在火车上认识的新男友，正热恋。她从她和男友在哪儿租了房子、昨天买了什么菜、谁做的晚饭，说到她如何如何幸福，甚至说到二人世界里亲密的小细节。

这样的事情有很多，而且她经常不分时间场合随便就跟别人讲自己的一些私事。到后来，同学们一见到她就躲开了，大家都受不了她了。

从上面的例子我们可以看出，在人际交往的过程中，自我暴露要有一个度，过度的自我暴露反而会惹人厌。

在人际交往中，自我暴露应注意以下几个问题：

首先，自我暴露应遵循对等原则，即当一个人的自我暴露与对方相当时，才能使对方产生好感。比对方暴露得多，则给对方以很大的威胁和压力，对方会采取避而远之的防卫态度；比对方暴露得少，又显得缺乏交流的诚意，交不到知心朋友。

其次，自我暴露应循序渐进。自我暴露必须缓慢到相当温和的程度，缓慢到足以使双方都不感到惊讶的速度。如果过早地涉及太多的个人亲密关系，反而会引起对方的忧虑和不信任感，认为你不稳重、不敢托付，从而拉大了双方的心理距离。

真正的亲密关系是建立得很慢的，它的建立要靠信任和与别人相处的不断体验。因而，你的“自我暴露”必须以逐步深入为基本原则，这样，你才会讨人喜欢，才能交到知心朋友。

刻板印象的形成

1.偏见的认知

偏见源于何处呢？一些社会心理学家认为，偏见的认知来源于刻板印象。

刻板印象指的是人们对某一类人或事物产生的比较固定、概括而笼统的看法，是我们在认识他人时经常出现的一种相当普遍的现象。

刻板印象的形成，主要是由于我们在人际交往的过程中，没有时间和精力去和某个群体中的每一成员都进行深入的交往，而只能与其中的一部分成员交往。因此，我们只能“由部分推知全部”，由我们所接触到的部分，去推知这个群体的全部。

人们一旦对某个事物形成某种印象，就很难改变。

美国一些心理学家分别于1932年、1951年和1967年对普林斯顿大学生进行了3次有关民族性格的刻板印象调查。他们让学生选择5个他们认为某个民族最典型的性格特征。3次研究的结果大致相同，如：

民　族	性格特性
美国人	勤奋、聪明、实利主义、有雄心、进取
英国人	爱好运动、聪明、沿袭常规、传统、保守
德国人	有科学头脑、勤奋、不易激动、聪明、有条理
犹太人	精明、吝啬、勤奋、贪婪、聪明

日 本 人　聪明、勤奋、进取、精明、狡猾

意大利人　爱艺术、冲动、感情丰富、急性子、爱好音乐

雷兹兰、西森斯、休德费尔等人的研究也充分证实了这种刻板效应对人知觉的严重曲解。

生活中，人们都会不自觉地把人按年龄、性别、外貌、衣着、言谈、职业等外部特征归为各种类型，并认为每一类型的人有共同特点。在交往观察中，凡对象属一类，便用这一类人的共同特点去理解他们。比如，人们一般认为工人豪爽，军人雷厉风行，商人大多较为精明，知识分子是戴着眼镜、面色苍白的“白面书生”形象，农民是粗手大脚、质朴安分的形象等。诸如此类看法都是类化的看法，都是人脑中形成的刻板、固定的印象。

2.克服刻板效应

刻板效应的产生，一是来自直接交往印象，二是通过他人介绍或传播媒介的宣传。刻板效应既有积极作用，也有消极作用。居住在同一个地区、从事同一种职业、属于同一个种族的人总会有一些共同的特征。刻板印象建立在对某类成员个性品质抽象概括认识的基础上，反映了这类成员的共性，有一定的合理性和可信度，所以它可以简化人们的认知过程，有助于对人迅速做出判断，帮助人们迅速有效地适应环境。但是，刻板印象毕竟只是一种概括而笼统的看法，并不能代替活生生的个体，因而“以偏概全”的错误总是在所难免。如果不明白这一点，在与人交往时，唯刻板印象是瞻，像“削足适履”的郑人，宁可相信作为“尺寸”的刻板印象，也不相信自己的切身经验，就会出现错误，导致人际交往的失败，自然也就无助于我们获得成功。因此，刻板效应容易使人认识僵化、保

守，人们一旦形成不正确的刻板效应，用这种定型观念去衡量一切，就会造成认知上的偏差，如同戴上“有色眼镜”去看人一样。

在不同人的头脑中刻板效应的作用、特点是不相同的。文化水平高、思维方式好、有正确世界观的人，其刻板效应是可以改变的。

刻板效应具有浅尝性，往往对个体或者某一群体的分类过于简单和机械，有的只依靠停留在表面上的认识就加以定性；刻板效应同时具有部落共性，在同一社会、同一群体中，由于同一文化、价值观念、信息来源影响，刻板印象有惊人的一致性；刻板效应还具有强烈的主观性，往往凭着偶然的经验加以评判或分类，大多是以偏概全，甚至是颠倒是非。假如最初我们认定日本人勤劳、有抱负而且聪明，美国人讲求实际、爱玩而又入乡随俗，犹太人有野心、勤奋而又精明；女人比男人更会养育子女、照料他人而且温柔顺从；戴眼镜的人都聪明；教授都有点古怪而且平日里都是一幅漫不经心的样子等，当我们初次与以上人群相遇时，就会不自觉地用已有的概念去套用，而结果往往也会陷入啼笑皆非的尴尬局面。

作为教师或者学生家长或者社会其他人员，在评价学生的人格时首先要有大系统思维观，切忌单线条或者直线思维，要考虑事情原因和结果的多样性、复杂性，而不是“一个事物、一种现象、一个结果”，要建立多原因、多结果论。其次要用发展的眼光来看问题，世界是时时刻刻在发展变化的，如果用刻舟求剑的办法处理问题，只能是落后的、要闹笑话的、最终会导致严重错误。再次要多方位、多角度观察学生，“横看成岭侧成峰，远近高低各不同”。只有观察多了，才有可能比较全面地认识一个人。克服刻板效应的关键：一是要善于用“眼见之实”去核对“偏听之辞”，有意识地重视和寻求与刻板印象不一致的信息。

二是深入到群体中去，与群体中的成员广泛接触，并重点加强与群体中典型化、代表性成员的沟通，不断地检索验证原来刻板印象中与现实相悖的信息，最终克服刻板印象的负面影响而获得准确的认识。

因此，我们要纠正刻板效应的消极作用，努力学习新知识，不断扩大视野，开拓思路，更新观念，培养自己良好的思维方式。

播种什么就收获什么

1.投桃报李，学会感恩

爱默生说过："人生最美丽的补偿之一，就是人们真诚地帮助别人之后，同时也帮助了自己。"帮助别人也就是帮助你自己。你送出什么就收回什么，你播种什么就收获什么。你帮助的愈多，你得到的也就愈多；而你愈吝啬，也就愈可能一无所得。"爱别人就是爱自己"，这句很经典的话，其实已说出了人际关系的"核心秘密"——你付出别人所需要的，他们也会给予你所需要的。

古语有云："投我以桃，报之以李。"对于别人的恩惠，我们不能无动于衷，而要以另一种好处来报答他人。

在第一次世界大战中，为了刺探对方敌情，各国专门培训了一批特种兵，其任务是深入敌后去抓俘虏回来审讯。

当时的战争是堑壕战，大队人马要想穿过两军对垒前沿的无人区是十分困难的，如果一个士兵悄悄爬过去，溜进敌人的战壕，相对来说就比较容易了。

有一个德军特种兵以前曾多次成功地完成这样的任务，这次他又接到任务出发了。他很熟练地穿过两军之间的地带，悄无声息地出现在敌军战壕中。

一个落单的士兵正在吃东西，毫无戒备，一下子就被德国兵缴了械。他手中还举着刚才正在吃的面包，这时，他本能地把一块面包递给对面突袭的敌人。

面前的德国兵忽然被这个举动打动了，他做出了不可思议的行为——他没有俘虏这个敌军士兵，而是将其放了，自己空着手回去，虽然他知道回去后上司会大发雷霆。

这个德国兵为什么这么容易就被一块面包打动呢？其实，人的心理是很微妙的，在得到别人的好处或好意后，就想要回报对方。虽然德国兵从对手那里得到的只是一块面包，或者他根本没有想要那块面包，但是他感受到了对方对他的一种善意。即使这善意中包含着一种恳求，但这毕竟是一种善意，是很自然地表达出来的，在一瞬间打动了他。他在心里觉得，无论如何不能把一个对自己好的人当俘虏抓回去，更别说要了这个人的命。

其实这个德国兵不知不觉地受到了心理学上互惠定律的左右。得到对方的恩惠就一定要报答的心理，是人类社会中根深蒂固的一个行为准则。

一位心理学教授做过一个小小的实验，证明了这个定律：

他在一群素不相识的人中随机抽样，给挑选出来的人寄去了圣诞卡片。但没有想到，大部分收到卡片的人都给他回寄了一张，而实际上他们都不认识他。

给他回赠卡片的人，根本就没有想过打听一下这个陌生的教授到底是谁，他们收到卡片，自动就回赠了一张。也许他们想，可能自己忘了这个教授是谁了，或者这个教授有什么原因才给自己寄卡片。不管怎样，自己不能欠人家的情，给人家回寄一张总是没有错的。

这个实验虽小，却证明了互惠定律的作用。当然，你也可以使用这个原理来提升自己的影响力。如果从别人那里得到了好处，我们应该回报对方；如果一个人帮了我们，我们也会帮他，或者给他送礼品，或请他吃饭；如果别人记住了我们的生日，并送我们礼品，我们对他也会这么做。

人与人的相处其实是很简单的，你想要别人把你当做朋友，那你必须先把别人当做朋友。

2.播种爱心，收割友谊

我国历来讲究礼尚往来，这似乎也是人类行为不成文的规则。与人交往讲究互惠互利，双方需要保持利益平衡，如果利益平衡被打破，就会导致关系破裂。互相帮助，有来有往，用真心换取真心，这样才能使我们赢得更多的人心，也能使友谊更加稳固。

人与人之间的互动，就像坐跷跷板一样，要高低交替。一个永远不肯吃亏、不肯让步的人，即使真正得到好处，也是暂时的，他迟早要被别人讨厌和疏远。得到别人的好处或好意，及时回报，这能够表明自己是一个知恩图报的人，有利于相互交往的发展。

在不是很熟悉的朋友之间，你求别人办事，如果没有及时回报，下一次又求人家，就显得不太自然，因为人家会怀疑你是否有回报的意识，是否感激他对你的付出。如果对方突然有一件事反过来求你，你即使觉得不太好办的话，也难以拒绝。俗话说："受人一饭，听人使唤。"为了保持一定的自由，最好不要欠人情。当然，在关系很密切的朋友之间，就不一定要马上回报，那样反而可能显得生疏。但也不等于不回报，有机会的时候还是应该回报的。

在人生的旅途中，我们一直在播种，也许我们不经意的一次善意，就会获得意想不到的感激。当然，我们付出的时候并不是为了得到回报，可生活就是这样，有播种就会有收获，对我们来说也许只是绵薄之力，对需要帮助的人来说则可能会是新的人生起点。在尼泊尔白雪覆盖的山路上，刺骨的寒气伴随着暴风雪，让人很难睁开双眼。有个男子走了很久，好不容易碰到一个旅行家，两个人自然而然地成了旅途上的同伴。半路上他们看到一个老人倒在雪地里，如果置之不理，老人一定会被冻死。“我们带他一起走吧，先生！请你帮帮忙。”男子提议。旅行家听了很生气地说：“这么大的风雪，咱们照顾自己都难，还顾得了谁呀！”说完便独自离去了。

这个男子只好背起老人继续往前走。不知过了多久，他全身被汗水浸湿，这股热气竟然温暖了老人冻僵的身体，老人慢慢恢复了知觉。两人将彼此的体温当成暖炉相互取暖，忘却了寒冷的天气。

“得救了，老爷爷，我们终于到了！”看到远处的村庄，男子高兴地对背上的老人说。当他们来到村口时，发现一群人聚在一起议论纷纷。男子挤进人群中一看，原来有个男人僵硬地倒卧在雪地上。当他仔细观看尸首时，吓了一大跳——冻死在距离村子咫尺之遥的雪地上的男人，竟然就是当初为了自己活命而先行离开的那个旅行家。

行路的男子并不知道帮助老人会为自己赢得生机，他只是出于悲悯之心才背着老人行进。“救人一命，胜造七级浮屠。”男子的善心不但救了老人的性命，更让自己成功走出困境，而旅行家则为他的自私付出了代价。

面对需要帮助的人，千万不要吝惜自己的爱心，善待他人，把你的爱心奉献出来。在你不经意地付出以后，也许会有意想不到的惊喜。播种你的爱心，让它在你的周围生根发芽，当你迎来硕果累累的金秋时，你就是拥有最多财富的富翁。

与人交往的秘诀

1.换位思考

曾经有位因不会与人交往而处处遭人白眼的年轻人，非常苦恼地去找智者，希望智者能告诉他与人交往的秘诀。结果，那智者只送了他四句话：“把自己当成别人，把别人当成自己，把别人当成别人，把自己当成自己”年轻人当时不明白，以为智者不想告诉他秘诀，所以随便说了几句来敷衍他。而智者却说：“你回去吧，这就是秘诀。你会明白的。”后来，这位年轻人反复琢磨，经过实践后,终于明白了智者的话。与人交往的秘诀其实就是换位思考。

我国自古就有“己所不欲，勿施于人”的古训，而西方的《圣经》里也有这样的教诲：“你们愿意别人怎样待你，你们就怎样对待别人。”人与人的交往，都是将心比心的。只有懂得为别人考虑的人，才能获得别人的真情。生活中，每个人所处的环境、地位、角色不同，所以每个人对同一个事物的想法也会有所不同，不要只从自己的立场出发来想事情，要懂得从别人的立场上看问题，这样你的观点才会更客观，你的胸怀才会更宽广，你的朋友才会更多，你的事业也会更成功。

这世上有很多争吵，都是因为我们不会从别人的立场上看问题导致的。如果我们每个人都能站在别人的立场上为别人考虑，那么这个世界将变成爱的海洋，和谐美满的天堂。妻子总觉得丈夫不体贴，丈夫总觉得妻子不温柔；老师总觉得学生不听话，学生总觉得老师不讲道理；家长总觉得孩子不可救药，孩子则认为家长专治独裁；老板总认为员工爱偷懒，员工总觉得老板是吸血鬼。大家都只从自己的立场出发想问题，那将无法进行沟通和获得理解。

从前，有一个男人厌倦了天天忙碌的工作，每天回家看到妻子总是羡慕她的悠闲舒适。于是有一天，他向上帝祈祷，希望上帝把他变成女人，让他和妻子互换角色。结果，第二天祈祷灵验了：他变成妻子的模样，妻子变成了他的模样。他高兴极了，想这以后我就能享受美好的悠闲生活了。可还没等他想完，妻子就抗议道："你怎么还不去做早餐，我上班要迟到了。"于是，他赶紧起床去做早餐。做完早餐，又去叫孩子们起床，给孩子们穿衣服，喂早餐，装好午餐，送孩子们上学。回到家后，又开始打扫卫生，洗衣服，到超市买菜，准备晚餐……只一天，他就受不了了，太累了，比他上班还累。第二天一醒来，他就祷告，请求上帝再把他变回去。而上帝却对他说："把你变回去，可以。但是，要再等10个月，因为你昨天晚上怀孕了。"

这个有意思的故事，说的还是换位思考的问题。不要以为别人的工作就比你轻松，别人就比你活得容易。

每个人都有每个人的责任，每个人都有每个人的忧喜。只有设身处地为他人考虑，你才能真正地了解他的想法，理解他的行为。

换位思考是一种态度，更是一种品德。懂得换位思考的人，才值得别人尊敬。如果你不想别人剥夺你的生命，那就别当着别人的面抽烟；如果你不想别人啐你的脸，那你就不要随地吐痰；如果你不想别人用污秽的字眼说你，那你也不要随便辱骂别人；如果你不想自己被人瞧不起，那你也不要戴着"有色眼镜"看人。

总之，己所不欲，勿施于人，懂得站在别人的立场上考虑问题，希望别人怎么对你，你就怎么对别人。

2.设身处地为他人考虑

设身处地为他人考虑，也是为自己考虑。在这个世界上，没有哪个人是不依赖他人的孤立存在。社会就是人与人合作互助的结构，不懂得为他人考虑的人，也没有人会为你考虑。只想着自己，自私自利的人，以为没有吃亏，却也难有收获，而且还会失去很多，比如尊重、理解、爱戴、朋友，甚至更多。

曾经看过一个非常悲惨的故事，讲的正是不懂得设身处地为他人考虑而导致的悲剧。

一个参军的年轻人，由于在战场上误踩了地雷，致使他失去了一只胳膊和一条腿。他痛苦万分，但想到爱他的父母，他的心底又燃起了活下去的希望。可他现在这个样子，父母会如何看待他呢？他决定还是打个电话给父母，再做打算。于是，他拨通了父母家里的电话："爸爸，妈妈，我要回家了。但我想请你们帮我一个忙，我想带一位朋友回去。"父母听后，很高兴："当然可以，我们也很高兴能见到他。"年轻人接着说："但是这位朋友不是一般的人，他在这次战争中失去了一只胳膊和一条腿。他无处可去，我希望他能来我们家和我们一起生活。"年轻人这话一出口，电话中就传来父母的声音："我们很遗憾听到这件事，但是这样一个残疾人将会给我们带来沉重的负担，我们不能让这种事干扰我们的生活。我想你还是快点回家来，把这个人给忘掉，他自己会找到活路的。"听到这些，年轻人挂上了电话。几天后，他的父母接到了警察局的电话，说他的儿子从高楼上坠地而死，调查结果认定是自杀。当悲痛欲绝的父母，赶到陈尸间，看到儿子的尸体时，他们惊呆了：他们的儿子只剩一只胳膊和一条腿。

这就是只想到自己的结果。生活中，这样的悲剧还有很多。灾难发生在别人身上是故事，发生在自己身上才是事故。而这世界是公平的，风水轮流转，那发生在别人身上的不幸，也可能发生在自己身上。你怎么对待别人的，别人就会怎么对待你。所以，要处处为别人考虑。

在别人有难时，不要幸灾乐祸，而要想着帮助别人。无论何时都要为别人考虑，这样你的人生会不断地发现惊喜。

圣诞节那天，妈妈带着女儿在街上玩。妈妈一个劲地说："宝贝，你看多美啊！"可女儿却回答："我什么美也看不到！"妈妈很生气："你看那漂亮的五彩灯、圣诞树，还有琳琅满目的各式礼品，你怎么会看不到呢？"女儿很委屈："可我真的什么也没有看到。"这时，女儿的鞋带开了，妈妈蹲下来为她系鞋带。就在这时，妈妈发现她蹲下来的时候，除了前方一个女人的格子裙以外，什么也看不到。原来，那些东西都放得太高了。

因此，当别人给的答案不是你想要的时候，要想想为什么会这样。设身处地为他人着想，是每个人都应该明白的道理和应该学习的生活准则。

沉默的价值

1.沉默是金

沉默是一种力量，是一种态度，是一种智慧。沉默不是一语不发的怯懦，而是鼓励他人畅谈的谦虚；沉默不是脑中空空的愚蠢，而是为自己积蓄力量的隐忍；沉默不是理屈词穷的失败，而是不屑一顾的威严；沉默不是任人摆布的屈从，而是待时而动的冷静。古语云：沉默是金。正说明了沉默的价值，沉默的可贵。如果两个人在交谈，没有一方的沉默，那肯定是进行不下去的。这个世界需要呼唤的声音，更需要沉默的安静。

总爱夸夸其谈的人，不一定有真本事。平时沉默不语的人，不一定没有出息。

春秋五霸之一的楚庄王，在继位的前三年，从未发过一道法令。他手下的大臣都看不下去了，但又不敢明着问他。因为他有令："敢谏者杀无赦！"但大夫伍举聪明，变个方法问道："一只大鸟落在山上三年，不飞不叫，沉默无声，这是为什么？"楚庄王也是个聪明人，一听就明白了伍举的意思，答道："这只鸟三年不展翅，是为了让翅膀长大；三年不发声，是为了观察、思考和准备。虽然三年不飞，但一飞必定冲天；虽然三年不叫，但一叫势必惊人！"果然，在第四年，楚庄王共发布九条法令，废除了十项措施，处死了五个贪官，选拔了六个进士。待机而动，一举成功。

沉默不是无所事事，而是想一招制敌。这是力量的积累，是时机的等待。

每年高考都会冒出不少“黑马”，那些平时看起来不怎么出众的学生，却能“金榜题名”；而那些平时出尽风头，看起来大有希望的学生，却往往“名落孙山”。那些平时看起来默默无闻的学生，其实就是在一点一滴地积累力量，他们“不鸣则已，一鸣惊人！”越王勾践卧薪尝胆，任劳任怨，最终一举歼灭了强大的吴国。这里的沉默，就是在等待时机。所以，真正有大志向的人，往往是看起来比较沉默的人。不语则已，语必惊人。

适时的沉默，会让你获得很多。

发明家爱迪生，一生发明了3000多件物品。有一次，他想卖掉自己的一项发明，来建一个实验室。但由于他不太熟悉市场行情，不知道自己的发明值多少钱，该向购买者开多高的价位。于是，他便与妻子商量。妻子也不懂行情，但她觉得肯定值不少钱，起码也应该要高些。便对爱迪生说：“你就要两万美元吧。”爱迪生听了，心想：“两万美元，怎么可能呢？”第二天，一个商人上门来找爱迪生，并表示出对那项发明的浓厚兴趣，希望爱迪生能卖给他。商人让爱迪生出个价，爱迪生为难了，说多少好呢，他自己也不知道，所以他就沉默不语。商人一再地问他，他却坚持一言不发。最后，商人终于按捺不住了，就说：“我先出个价吧。您看10万美元，怎么样？”爱迪生一听，喜出望外，立马同意了这笔交易。

所以说，沉默是金。沉默是在积蓄力量，是在等待时机，更是一种威严和智慧，一种冷静和沉着。

俗话说，“祸从口出”“言多必失”。该沉默的时候，就要懂得沉默。买东西的时候，讨价还价，你千万不要先开口出价，要像爱迪生一样，等着别人出价。在谈判的时候，也是一样。不要先露出把柄，贸然行动，而是先观察、思考、准备，向楚庄王一样，不鸣则已，一鸣惊人！但沉默不是一直无言，而是适时沉默，该出口的时候，还是要出口的。不然，你就真的要“在沉默中灭亡”了！

2.善于倾听

沟通是需要说出来和听进去的，两方面缺一不可。说出来是一种交流，听进去是一种领会。这个世界需要说出来的勇气，更需要听进去的耐心。

懂得倾听，是一种能力，更是一种品德。倾听是一种沉默，更是一种付出。认真地听别人讲话，是一种尊重，更是一种修养。很多人知道高谈阔论的魅力，却忽视了倾听的力量。科学家曾经对一批推销员进行过追踪调查，调查的对象分为业绩最好和业绩最差两类。经过调查，科学家发现，他们的业绩之所以有这么大的差别，不是因为说得好坏，而是因为听得多少。那些业绩最好的推销员，每次推销的时候平均只说12分钟话，而那些最差的平均却要说上30分钟。说得多，就听得少，听得少，就不容易对顾客有透彻的了解，而且说得多，还容易使顾客厌烦。而听得多则相反，不仅会对顾客有个清晰的了解，知道顾客最需要什么，而且还会使顾客觉得贴心。所以说，懂得倾听，是一种智慧。

一个好的谈话节目主持人，是一个好的倾听者；一个好的领导，也是一个好的倾听者；一个好的朋友，更是一个好的倾听者。倾听，让对方满足，让自己受益。懂得倾听，才能使说话更有效。在社交过程中，懂得倾听是一种很吸引人的品质。如果你是一个善于倾听的人，你的身边总会围绕着很多愿意与你交往的人。善于倾听，才能更好地沟通。如果双方各抒己见，都不把对方的观点听到心里去，那么最终只能是以争吵而收场。真正愉快的沟通，是互相倾听；真正的朋友，就是能够与你沟通的人，这个沟通指的就是能够互相倾听。只有能够互相倾听，才能互相理解，彼此知心。作为领导，更要具备善于倾听的能力。听到不同的声音，才能不断地改进。官员要听到百姓的疾苦，老板要听到员工的意见，老师要听到学生的要求，家长要听到孩子的心声。在很多时候，听比说更重要。

很久以前，有个不知名的小国想刁难一下它的邻国，因为它的邻国太大太强，让这个小国感到威胁。有一天，这个小国的使者带着三个一模一样的金人，来向大国进贡。大国的国王，看着这几个金人，心里非常高兴。但是，没想到那个小国的使者，竟向国王出了个难题："请问陛下，您说这三个金人哪个最有价值？"国王一下答不上来了，但国王不能说自己不知道，这样会失了尊严。于是，他想了很多办法，请金匠来看做工，称重量，验材质，但无论如何查，得出的结果都是：这三个金人价值都一样。正在国王急得火烧眉毛的时候，一位已告老还乡的老臣来到王宫的大殿上说他知道如何区分。国王十分高兴，把小国的使者也请到了大殿上。这时，只见老臣从袖子里拿出三根稻草，一根一根地分别插入三个金人的耳朵里。结果发现：第一个金人的稻草从另一边耳朵里掉了出来，第二个金人的稻草从嘴巴里掉了出来，而第三个金人的稻草掉进了肚子，再也没有出来。于是，老臣对使者和国王说："第三个金人最有价值。"使者这时也不得不承认，老臣的答案是正确的。

为何第三个金人最有价值呢？因为它懂得倾听，善于倾听。人长了一张嘴两只耳朵，就是要让我们多听少说。善于倾听，是社交中一种十分有用的技能，是人人都应该拥有的美德和品质。

满足别人的需求

1.满足他人，成就自己

最懂得经商的犹太人在用自己的劳动成果进行食品交易时，会背诵一段著名的祷告：人们通过这些言语来感谢上帝创造出这些不完善和拥有众多需求的人。这些祷告让犹太人意识到，帮助别人满足需要或克服别人身上的不足，是一种值得尊敬的生活方式。当你满足了顾客、消费者和老板的需求，无论你是一名拉比还是一名宗教组织者，接受报酬是理所当然的事，因为这些钱是你满足别人需求的见证。

其实，无论是在商业行为还是在日常生活中，你只要尊重和满足他人的需求，同时你的需求也会得到满足。或者换句话说，如果你有某种个人需求，那么就要去先满足别人的需求。在激烈的商业竞争中，懂得满足消费者需求的企业才能立于不败之地。中国海尔集团是世界白色家电第一品牌，1984年创立于中国青岛。它以满足消费者的需求为第一的宗旨。无论是城市还是乡村，无论是中国还是欧美，海尔始终根据不同的消费需求研发相应的产品，让消费者用上适合的产品，自己才能获得丰硕的收入，这就是“欲取先予”的真谛。

在日常生活中，无论是与人相处还是要获得成功，都要明白“欲取先予”这个道理。有些人总是打着自己的小算盘，不想付出，只想回报，他们不懂“天下没有免费的午餐”。有些人总是处心积虑地计划着占别人的便宜，这种人迟早会被现实教训，贪小便宜，吃大亏。

有些人总是处处替别人着想，先人后己，这样的人往往会得到很多，不仅是尊重、名望，还有财富。这就是大智若愚的吃亏学。看起来你是吃亏了，其实你的需求也得到了满足，并且对方还很高兴地自愿让你满足。

每当你给别人一个微笑的时候，别人也会还你一个微笑。你想别人怎么对你，你就得先怎么样对别人。

2.有付出才有回报

“欲取先予”，说起来容易做起来难，人天生都是有些自私的，而且往往还伴随着一些虚荣，谁会甘心先为别人付出，谁会愿意先满足别人呢？如果我满足了别人，别人不来满足我，那我岂不是很吃亏吗？一般的人都会有这种顾虑，但是那些能成就大业者或生活中的强者，却从来不会计较这些，因为他们明白：有付出才会有回报。

如果不付出，虽然没有失去，但也没有得到，没有得到就是失去。无论你付出了什么，你总会有所收获。当然这里的收获也许不是你所期望的，但是可能会比你期望的带来更多。投之以桃，才能报之以李，不投自然无报。所以，要懂得为他人着想，懂得为别人付出。

《三国演义》里有这么个故事：

魏军准备攻打葭萌关，葭萌关告急。刘备派黄忠前去支援。黄忠见魏军将领夏侯尚、韩浩头脑简单，便使了一招骄兵之计，主动出关迎战，然后一连几天都假装打败仗，后退数十里，丢了许多营寨、器械，然后退到葭萌关里，坚守不出。夏侯尚、韩浩自以为得胜，得意扬扬地开始攻打葭萌关。没料到被黄忠迎头痛击，打得落花流水，连韩浩都被黄忠斩杀于马前。黄忠不仅夺回了所有丢失的营寨阵地，还夺取了魏军的粮草重地天荡山，直逼汉中。

“以退为进”，是兵家常用之计，其实这中间运用的也是先予后取的道理。自己佯败，让敌人先获胜，这是予；然后借敌人大意之机再转败为胜，这是取。我们的人生也是这样，你只有先给了别人甜头，你才能满足自己的需求。

很早以前读过这样一个关于天堂和地狱的故事：

在大家心里，天堂和地狱总是有着天壤之别，其实不然。

一天，一个使者也是抱着这样的想法，去考察了天堂和地狱。他看到在天堂每一个人都是红光满面，精神焕发；地狱里的人个个面黄肌瘦，像饿死鬼一样，每天非常痛苦。这更加坚定了他的信念：天堂与地狱差别真是太大了。可是细问之下才知道，天堂和地狱的人吃的东西是一样的，用的工具也是一样的。原来他们用的是1米长的大勺子，天堂的人用长把勺子互相喂别人食物，所以人人都可以吃到食物；地狱的人只想把装满食物的勺子往自己嘴里送，可是越想吃到东西，却越是吃不到，内心备受煎熬，所以面容枯槁。

天堂和地狱的真实差别就在于，天堂的人懂得互相付出，而地狱的人只想到自己罢了。所以，你如果想过天堂的生活，就要懂得先予后取的道理，这样你内心真正想要达到的目标才会得以实现。如果你只信奉“人不为己，天诛地灭”的信条，那么你就只能像地狱中的饿鬼一样，面容枯槁，事与愿违。只有设身处地地替别人考虑，想他人所想，急他人所急，大家才会互相扶助，各得所求，自然其乐融融。这就是所谓的“欲要取之，必先予之”。

我们在做事情的时候，不仅要有“双赢”的思想，而且要有“让对方先赢”的思想。不仅要有思想，而且要落实在行动上。这样我们才能获得我们想要的成就，才能满足我们内心的需求。就像钓鱼一样，我们必须要先给鱼下饵，才能钓到鱼，而鱼饵越好，你钓的鱼也越大。

喜欢的互逆现象

1.想让对方喜欢你，先喜欢上对方

看看你身边的人，你想过你喜欢的人通常具有哪些特征吗？你喜欢他们，是因为他们漂亮，还是因为他们聪明，或者是因为他们有社会地位。

心理学的研究表明，通常我们喜欢的人，是那些也喜欢我们的人。他们不一定很漂亮，或很聪明，或者有社会地位，仅仅是因为他们很喜欢我们，我们也就很喜欢他们。

那么，我们为什么会喜欢那些喜欢我们的人呢？这是因为喜欢我们的人使我们体验到了愉快的情绪，一想起他们，就会想起和他们交往时所拥有的快乐，使我们看到他们时，自然就有了好心情。

而且，那些喜欢我们的人使我们受尊重的需要得到了满足。因为他人对自己的喜欢，是对自己的肯定、赏识，表明自己对他人或者对社会是有价值的。

有心理学家曾做过这样一个实验：让被试“无意中”听到一个刚与他说过话的伙伴告诉主试者喜欢或不喜欢他。接着，当这些同伴和被试在一起工作时，被试的面部表情会因他们听到的内容而异。当被试听到同伴喜欢他们时，他们会比在听到同伴不喜欢他们时在非言语表现上更积极。另外，后来的书面评定显示，被喜欢的

被试者比不被喜欢的被试者更多地被同伴吸引。

其他的研究也证明了相似的结果：人们对那些他们认为喜欢他们的人持更积极的态度。这就是喜欢的互逆现象。

对于喜欢的互逆现象，戴尔·卡耐基在著作《如何赢得朋友及影响他人》中提到，人们获得友谊的最好方式是“热情友善地称赞他人”。但是，在我们为赢得他人友谊而不遗余力地去赞美他人之前，我们需考虑一下情境，有时赞美并不一定能导致喜欢。

喜欢的互逆性规律也有例外发生，其中之一就是当我们怀疑他人说好话是为了他们自己时，别人的赞美并不会导致我们去喜欢他。此外，对那些自我评价很低的人来说，喜欢的互逆性也不会发生。因为他们可能认为喜欢他的人没有眼光，并且因此而不去喜欢那些人。

在生活中，有很多这样的情况，就是两个人的相互喜欢是由一个人对另一个人单方面喜欢开始的。比如一个女孩开始时对一个追求她的男孩并没有多少好感，但是这个男孩子表现出了对她特别喜欢的态度，久而久之这个女孩也对这个男孩动心了，最后接受了他的追求。

当然，这个规律也不是绝对的。有时我们会喜欢某个并不喜欢我们的人，相反，我们不喜欢的人有时却很喜欢我们。我们只能说在其他一切方面都相同的情况下，人有一种很强的倾向，喜欢那些喜欢我们的人，即使他们的价值观、人生观都与我们不同。

2.喜欢是相互的

喜欢是一种相互的行为。你喜欢的人，往往也会喜欢你；你讨厌的人，往往也都讨厌你。

一个班主任曾经做过一个实验，让全班同学把自己讨厌的人的名字统统写在字条上交给他。结果发现，在字条上写名字最多的人，也是被别人写得最多的人；而写名字最少的人，也是被别人写的最少的人。也就是说，在班上有许多讨厌对象的人，也是其他人最讨厌的人；在班上没有什么讨厌对象的人，也是全班人缘最好的人。

所以说，喜欢和讨厌都是相互的。那种感觉和表现，双方都能体会得到。

在人际交往中，有一种自然的吸引力，那就是人们都喜欢与喜欢自己的人交往。而决定一个人是否喜欢另一个人的强有力因素就是：另一个人是否喜欢他。人们都不喜欢碰壁，也不喜欢自讨没趣。所以，他们往往会选择那些喜欢他们的人作为朋友和伴侣。

让别人喜欢你，是社交中非常重要的技能。只有让别人喜欢你，别人才会愿意与你交往。其实，让别人喜欢你，并不是一件很难的事。你只要懂得尊重别人，认可别人，赞扬别人，也就是说，你只要让别人明白你喜欢他，那他就自然会喜欢你。

善于发现别人身上的优点，找到别人感兴趣的话题，让对方感觉到你对他的关注和喜欢。这些都是社交中的制胜法宝。

著名销售专家伍奇先生就曾说过："推销员必须了解自己公司的产品，并且对产品有信心，工作勤奋，富有热情。但是，其中最重要的一点是他一定要喜欢别人。"要想获得别人的喜欢，就要先表现出喜欢别人，推销产品也是在推销自己，只有让顾客喜欢你，才能让顾客对你的产品产生兴趣。

在社交中，更是在推销自己，只有让别人喜欢你，别人才会愿意与你来往。人与人在感情上的融洽和相互喜欢，可以强化人际间的相互吸引。这种吸引就像一种魔力，人们很难挣脱开。所以，在日常交际中，不要轻易说出别人不喜欢听的话，批评或指责别人，更不能嘲笑或轻视别人，也不要表现得太过冷漠；要积极、热情、友善地对待别人，多看到别人的优点，适时地称赞别人，并向别人学习；但也不要一味地奉承，这也会让别人厌恶，只要适当地表达出你喜欢对方的意思就可以了。

每个人都希望自己能够得到别人的认可、尊重、欣赏和称赞。就像成功学大师卡耐基说的那样："不管是屠夫，或是面包师，乃至宝座上的皇帝，统统都喜欢别人对我们表示好意。"人们对美言是没有抗拒力的。这个心理学家已经证明过了。所以，在人际交往中，要尽量地说些别人喜欢听的话，但这也不是让我们去为了一些私利而刻意恭维，而是要用我们的真心去发现别人的优点，真诚地表达出欣赏和爱慕之情。相悦定律起效的重要原因是回报心理，俗话说：伸手不打笑脸人。在爱情上，女孩子很难抵挡得住男孩子不断的甜言蜜语，即使她起初对他并不感兴趣。

相悦定律的痕迹在生活中比比皆是，但是能真正体会到其中含义、很好地运用的人并不是很多。其实，要让别人喜欢你，就要先学会喜欢别人，喜欢是相互的，是有付出的，你只有付出了才会有回报。一个只想到自己的人，很难受到别人的喜欢。因此，从学会喜欢别人开始吧。

“沉默的螺旋”

1.人际中“沉默的螺旋”

“沉默的螺旋”来源于这样一个事实：1965年德国阿兰斯拔研究所对即将到来的德国大选进行了研究。在研究过程中，两个政党在竞选中总是处于并驾齐驱的状况，第一次估计的结果出来，两党均有获胜的机会。然而6个月后，即在大选前的两个月，基督教民主党与另一个党获胜的可能性是4：1，这对基督教民主党在政治上的胜利期望升高有很大的帮助。在大选前的最后两周，基督教民主党赢得了4%的选票，社会民主党失去了5%的选票。在1965年的大选中，基督教民主党以领先9%的优势赢得了大选。

从这个事实中我们可以看到这样一个现象：人们在表达自己想法和观点的时候，如果看到自己赞同的观点，受到广泛欢迎，就会积极参与进来，这类观点就越发大胆地发表和扩散；而发觉某一观点无人或很少有人理会，即使自己赞同它，也会保持沉默。竞争一方的沉默造成另一方的增势，如此循环往复，便形成一方的声势越来越强大，另一方越来越沉默下去的发展过程。

这样一来，就会导致出现一个问题：团队意见的最后决定可能不是团队成员经过理性思考之后的结果，而可能是对团队中的主流思想意见的趋同后的结果。然而，有时候，主流思想所强调的东西，却不一定就是正确的东西。当团队中的少数意见与多数意见不同的时候，少数有可能屈于“主流”的压力，表面上采取认同，但实际上内心仍然坚持自己的观点，这就可能出现某些团队成员心口不一的现象。

2.可特立，但不独行

我们在生活中，总是会与各种各样的人打交道，有熟悉的，也有陌生的；有和善的，也有刁蛮的。而一个人不可能与所有性格的人相处得非常融洽。那么，究竟该如何与人相处呢？既要融到大家的队伍中去，又要保持自己的独特性，不在人群中迷失自我。

透过我们身边的一些“沉默的螺旋”现象，我们可以更好地审视我们的生活，让我们学会更多为人处世的方法。让“螺旋”在“沉默”中上升，使自己在人际交往中特立，但不独行。我们可以做到如下几点：

第一，尽量融入积极的环境中。

如果身边的人都勤奋好学、朴实稳重，那么，自己作为一个随性的人，就要尽量融入这样的氛围当中。因为，这种主流的行为会给你带来积极的影响。其实，这就是典型的沉默的螺旋。生活在这样的环境中，周围人的行为将极大的影响到自身。看到周围的人都在努力，自己也不甘居人后；看到大家都在玩耍，自己也不愿意孤单独处。长此以往，沉默的螺旋就会带动你成为一个团队中不可或缺的组成成员。

第二，勇于在消极的环境中保持自身独特性。

每个人都在不同的环境中扮演着不同的角色，有的环境会带来积极的影响，有的环容易把人引向歧途。面对身边的不良环境氛围，要勇于说出自己的想法，从中挣脱出来。例如，有的学生家庭条件一般，但是周围的同学却花钱大手大脚，经常在吃、穿、玩上面有大笔的开销，甚至荒废了学业。当意识到身处的环境对自己有消极影响的时候，就不要一味地迁就所谓的“主流思想”了，从小的范围内走出来，你会发现，还有更大的更好的环境可以去融入。

第三，有时要顺其自然，不用刻意进入某个环境。

每个人的思想和心智都会随着年龄的增长而日渐成熟。对于有些问题，就要有自己的判断能力，要正确地进行取舍。也有一些问题，无关紧要，自然也就没有必要为了迁就某一方而委屈了自己的心意。比如，身边的人可能在奋斗了多年之后都成了有房有车一族，而自己却还在奋斗的路上缓步前进着，这时，不可能因为要进入所谓的“主流社会”而背负大笔的贷款去买房买车。每个人都有自己的人生规划，等到资金积攒够了，为了方便生活，自然可以购置，还没达到那个经济水平，也同样可以生活得轻松愉快。面对物质财富，顺其自然最好，不要过于计较。

生活中的沉默螺旋随处可见，有积极的方面，也有消极的方面。其实，沉默的螺旋这个效应本身并无好坏之分，关键要看懂得它的人如何利用，从而让它在适当的场合发挥出应有的效力。如果只是盲目地人云亦云，那就将使自己变得平庸无奇，失去自身的独特性。因此，要跳出沉默的螺旋，唯一的出路就是接受百家争鸣的局面，聆听反对者的声音，让真理越辩越明。所以，在与周围的人建立良好人际关系并融洽相处的基础上，我们也要有自己的主见，培养自己判断是非对错的能力，凡事三思而后行，不要被别人的言行左右了自己前进的方向。正所谓“有主见才有魅力，有决断才有魄力”。坚持自己的原则和方向，宁做独树一帜的雄鹰，勿做人云亦云的鹦鹉。

试试幽默的方式

1.有趣的笑话公式

两个猎人进森林里打猎，其中一个猎人不慎跌倒，两眼翻白，似已停止呼吸。另一猎人赶紧拿出手机拨通紧急求助电话。接线员沉着地说："第一步，要先确定你的朋友已经死亡。"于是接线员在电话里听到一声枪响，然后听到那猎人接着问："第二步怎么办？"

这则笑话看起来似乎和众多笑话一样，没有什么特别之处，但是，这则笑话却曾被评为英国科学促进协会所公布的"世界最有趣"的笑话。据了解，这个笑话是由一位31岁的精神科医生加索尔提供的。他认为该笑话得奖的原因是它迎合了大众的一个心理，即让人觉得还有人比自己更笨、能做出更愚蠢的事情。

其实，提到笑话，对于大部分人来说，只是生活劳累时的调剂品，不会过多地关注或者收集。但是，美国科学家对笑话进行了深入的研究，并煞有介事地总结出了一个完美笑话的数学公式：x=（fl+no）/p。其中，x表示笑话的完美程度，f代表笑料的有趣程度，l表示笑话的长度，n表示听笑话者笑得前仰后合的次数，o表示引起尴尬的程度，p表示双关语的数量。x的值在0到200之间，当x的值达到200分的时候，这个笑话就可以称得上是完美的笑话了。这个笑话公式是由一些心理学家和喜剧表演艺术家共同切磋后得出的。据说他们进行这项研究的动机是想证明"看似严肃的科学家其实也很有幽默感”。

为了这个研究结果，英国科学促进协会曾经开展了大量的工作，用心地寻找这个问题的答案。英国科学促进协会自2001年开始，开展了一项号称“有史以来最大的幽默研究工作”。他们邀请国际互联网用户提供最喜欢的笑话，并对这些笑话进行打分。经过一年的努力，该协会共收集了来自全世界70多个国家的4万多个笑话和近200万条评论。最终，他们评选出了世界上最有趣的笑话，并在伦敦予以了公布。就是上面所提到的那则笑话。

科学家认为，笑话成功并不是单纯通过公式的数值体现出来的，关键在于是否能让人真正感觉到开心和放松，而且还适合特定的场合。与此同时，笑话的长度也很有讲究，不能太长，这样人们会产生听觉疲劳，也不能太短，让人们没有时间领会笑话的内容和含义。完美笑话公式的提出，使很多人关注到了笑话在人们日常生活中所起到的作用，同时，不再提倡用双关语的方式构思出来的笑话。在公式提出者看来，使用双关语的笑话只是低级的让人发笑的笑料，不能称之为真正意义上的笑话。

英国科学促进协会的研究人员还发现，不同国家的人对幽默的理解有很大不同。例如，英国、爱尔兰、澳大利亚和新西兰人喜欢插科打诨；美国人和加拿大人爱拿愚人蠢事来逗乐；而欧洲大陆人则喜欢在如疾病、死亡和婚姻等一些严肃的领域寻找幽默的素材，有时还将动物作为笑话的题材。为此，他们还根据各国人不同的品味，评选出了每个国家的最佳笑话。

心理学家海伦·皮彻，作为这个笑话公式的作者之一，她认为人们可以以这个公式为衡量标准，构思出大量并符合人们审美口味的笑话。但是笑话的创作不是像流水线生产产品那样简单，笑话的创作也需要作者具备多方面的能力，其中，是否有喜剧天分，是笑话作品成功与否的关键。

2.笑话可化解尴尬

日常生活中，我们难免会遭遇一些尴尬场面，此时自己就好像站在悬崖边上，前面是深渊，后面是追兵。这时，幽默语言引发的笑声，就像突然长出的翅膀，能把人带出这个进退维谷的地方。

因此，如果想从尴尬的窘境中快速脱身，你不妨试试幽默的方式。

一次，英国上院议员基尔在进行演讲，听众都很认真地望着他，都在侧耳倾听着每一个字，但就在演讲即将结束时，突然有一个人的椅子腿断了，那个人跌倒在地上。如果这时做演讲的不是像基尔这样机智的人，恐怕当时的局面会对演讲产生一种破坏性的影响。但是聪明的基尔马上说："各位现在一定可以相信，我提出的理由足以压倒别人。"就这样，他立刻恢复了听众的注意力，而那个跌倒的人也在别人善意的笑声中，找到了一个新座位。一个玩笑使双方都从窘迫的境地中脱身而出。

如果我们面临不好回答的问题，而又不能以"无可奉告"进行简单的说明时，不妨幽默一下，一笑了之。

1988年，美国第41届总统竞选。民意测验表明：8月份前，民主党总统候选人杜卡基斯，比共和党总统候选人布什多出十多个百分点。当布什与杜卡基斯进行最后一次电视辩论，布什巧辩的策略是抓住对方的弱点，揭其要害，戳在痛处，从而让对方陷入窘境。杜卡基斯嘲笑布什不过是里根的影子，用嘲弄的方式发问："布什在哪里？"

布什诙谐、轻松地回答了他的发问："噢，布什在家里，同夫人巴巴拉在一起，这有什么错吗？"平淡一句，却语意双关，既表现了布什的道德品质，又讥讽了杜卡基斯的风流癖好，置杜卡基斯于极尴尬的境地。

另外布什还抓住杜卡基斯习惯于眨眼睛的弱点，共和党利用电视屏幕则创造了一个外交方面富有经验、刚强果断的形象，炮制了一个布什与戈尔巴乔夫握手的镜头，旁白说布什能与戈尔巴乔夫抗衡，两眼直瞪着，坚定不移。同时挖苦眨眼睛的杜氏，并问怎能相信总是眨眼的人，能推行坚定的外交呢？最后布什的选票由落后转向优势。

美国一位心理学家说："幽默是一种最有趣、最有感染力、最具有普遍意义的传递艺术。"得体的笑话在人际交往中是一种不可低估的力量，尤其是当自己身陷尴尬的境地时，它可以将利剑化为花朵，轻松化解紧张的人际关系。

钥匙理论

1.交往贵在交心

在心理学上，我们通常说自己是锁，而对象是钥匙。这就是“钥匙理论”。

人与人的交往，有很多种，最让人向往的要数“莫逆之交”。每个人都希望别人能理解自己，生活中有知心的朋友。而要得到这些都有一个大前提，那便是你要真心对待他人，把你的真心交给别人，你才能换来别人的真心，别人的理解。

曾经有个郁郁寡欢的青年去找智者抱怨：“为什么这个世界上就没有人能懂我？为什么大家都对我如此冷漠？”

智者看了看青年，说道：“没有人会理解一个没有真心的人，也没有人会愿意与虚情假意的人做朋友。你回去，用心与人交往，便会找到答案。”

青年听了智者的话，不懂，以为智者在故弄玄虚，就垂头丧气地回去了。在回家的路上，他看到了一位美丽的姑娘，十分喜欢。心想：这位姑娘正配做我的夫人，凭我的聪明才智肯定能把她娶到手。

于是，他就开始采取行动，用尽各种讨好的方法，可结果却为别人做了嫁衣——那位姑娘选了别人。

他非常生气地去问那位姑娘：“为什么选他不选我？”

姑娘只说了一句话：“因为他是真心喜欢我。”

又是真心？他想，我又何曾不是真心喜欢你？此事作罢，还是事业为重。这位青年放下了结婚的念头，决定先找份工作。在铺天盖地的招聘广告中，他选中了一家很有实力又能施展他才华的公司。他是个聪明人，知道这社会的“规矩”，事情都不是那么简单就能办成的。

于是，他买了公司老板最喜欢的茶叶，送给老板娘一套名贵的化妆品，更找到老板最信任的主管为他说好话。可是结果，他没有被录取。而是那个平日里看起来傻呵呵的，总让别人占便宜的小马被录取了。他愤愤不平，找老板理论。

老板眼皮都没抬，说道：“我看不到你的真心，我们公司不需要你这种太有心机的员工。”无奈，他只好另找活路。为了生存，他做了推销员。一个月过去了，他作为全公司成绩最差的推销员，面临被辞退的危机。他的上级找他谈话：“你知道你为什么卖不出去产品吗？”他摇摇头，说：“不知道。”“因为顾客感觉不到你的真心。”上级说道。

真心到底是什么？他想去问别人，可是他没有可以问的人。与父母从不深入交谈，朋友都是点头之交，同事更是利益关系。他一下感到他的人生很失败。他再次去找智者，希望智者能告诉他真心是什么。智者没有说话，而是站起来给了他一个拥抱，并轻轻地抚摸他的头发。在那一瞬间，他突然情不自禁地痛哭流涕，满腹委屈都化作泪水流了出来。也就在那一瞬间，他明白了什么是真心。真心就是发自内心地，没有半点虚假、半点伪装，心甘情愿地对一个人好，充满尊重与理解。

其实，人与人之间交往，不需要太多的技巧，太多的手段，只要付出真心就足够了。

真心能攻破铜墙铁壁，能抵过千军万马。人与人的交流，贵在交心。心与心的碰撞，才能产生共鸣，彼此知心。不要抱怨别人不理解你，你要先为别人打开你的心门；不要抱怨别人不和你做朋友，你要先学会用心与人交往；不要抱怨这个世道太坏好人太少，无论是谁你都真心对待，你会看到另一片蓝天。

人际交往中，与他人心与心地交往，我们才不会感到孤单寂寞。

2.真情实感最动人

最能打动人心的美文，是有真情流露的文章；最动人心弦的表演，是充满真情的演示；最让人不能忘怀的形象，是充斥着真情实感的人物。普天之下，最能打动人心的非“真情实感”莫属。真情实感是一种态度，是一种表现，是一种品性。只有充满真情实感的人，才能打动别人的心。

在森林深处有一座城堡，据说里面塞满了宝物。住在城里的三兄弟决定去寻宝。老大拿了一把力大无比的铁锤，老二选了一把聪明无敌的钢锯，老三挑了一把不起眼的钥匙。他们花了三天三夜，终于找到了那个城堡。城堡很高，城门很结实，城门上的锁很沉重。三个人商量了一下，达成共识：要想进城堡唯一的方法就是打开城门上的锁。可如何打开呢？这时力大无比的铁锤毛遂自荐，对他的主人说：“主人，我力大无比，定能敲碎这城门上的锁。”老大想了想，觉得有道理。就让两个兄弟后退，自己拿着铁锤开始砸锁。可是任凭老大如何用力，那锁还是纹丝不动。最后，他不得不放弃。这时，聪明无敌的钢锯说话了：“这样硬砸是不行的，得用巧劲，主人，你拿着我试试！”老二听后，就拿着钢锯上前。找出最容易锯断的地方，最省力的方法，开始拉锯。可是无论老二如何取巧，那锁还是没有一点变化。这时，那只被人遗忘的钥匙突然说话了：“主人，你用我试试！”老三还没有任何表示呢，那铁锤和钢锯就叫嚣起来了：“就凭你？我们这般强壮、聪明都不行，看你那弱不禁风、呆头呆脑的样子，怎么可能行？”老大、老二也觉得这钥匙不靠谱。可老三认为，还是试一试为好。结果，没想到老三把钥匙插进锁眼里，轻轻一扭，那锁竟开了。大家都很惊讶，只有钥匙很平静地说：“这没有什么，只因我懂它的心。”

这一句“我懂它的心”，透出多少真情来。打动那“无坚不摧”之锁的竟是一把小小的钥匙。在生活中，有很多这样的情况。即使冷若冰霜的人，只要你对他流露出真情实感，他也是会被你融化。这世间最动听的歌，是有感情内涵的歌。在人际交往中，不要把自己包得太严，藏得太深，这样你永远也交不到知心的朋友。在与人交往时，更要懂得付出真情，用你的真情实感去打动别人，这是最容易被人忽视却又最有效的武器。

电影《律政俏佳人》，讲的是一位非常可爱的小姑娘，在最严肃的法律界和政界取得成功的故事。而她之所以能取得成功就是因为她从来没有忘记人类最根本的东西，用她的真情打动了与她交往的每一个人。律师往往为了案件的胜利不择手段，官员往往为了个人的利益不顾一切，而女主角却给他们上了一课，用自己的真情实感打动了他们，唤醒了他们的良知。

世界上有很多规则，有很多限制，有很多危险。因此，这个世界更需要真情实感。永远不要让一些外在的东西蒙蔽了你的心智，用你的真心来面对这个世界，用你的真情实感来打动你身边的每一个人。这也是最简单、最有效的生活、社交法则。

Chapter 7

墨菲定律与投资意识

市场唯一不变的就是它永远在变

投资市场是有规律的，当我们刚刚进入时，我们会觉得那些规律既多又难，有时甚至很玄。后来随着知识的增长和经验的积累，我们好不容易掌握了一些规律，但操作后发现又弄错了，因为规律又变了。

熟知墨菲定律的人知道，市场运动永远处于不确定之中，换言之，市场唯一不变的就是它永远在变。时间越长，不确定性就越大。价格运动的本质具有高度的随机性，其方向只有可能性，没有绝对性。在操作规程中，任何分析和预测其可靠性都值得怀疑。在价格运动趋势发生转折之前，主观的判定既不明智，又风险巨大。

“市场永远是对的，出错的永远是自己。”这句格言是成熟的市场投资者必须时时刻刻牢记的。墨菲定律告诉我们，人类有自身的局限性，任何人的主观愿望都不可能左右这个市场。市场按照它自己的方式，走出的曲线构成了客观的历史轨迹。

实践证明，无论怎样严密分析，正如墨菲定律所揭示的那样，出错的可能性仍然存在。预测只能提供事件的可能性，不能提供事件的确定性，分析结论必须由市场印证。不要迷信你的分析，当市场已经证明你错了，你一定要坚决、果断地改正。

控制理财过程中的风险

谈到理财，很多人包括做投资理财的人出口便是“你不理财，财不理你”。这句话非常形象，也非常简洁，直接告诉你不理财的后果。当然，这种说法也很有道理。谁都知道，天上不会自动掉馅饼。

但是，这句话并不完全正确。

你不理财，财就一定不理你吗？显然，没有绝对的答案。比如，一些人在某一领域不断积累，达到一定的知名度后，财富就源源而来。典型的例子，像不少明星、名人，成名前不名一文，蹿红后赚的钱都是天文数字，而他们根本不懂什么理财，只要把自己擅长的事情做好就行了。

如此说来，“你不理财，财不理你”不一定成立。相反，如果你理财了，财就一定会理你吗？其实也未必。

墨菲定律告诉我们，如果某件事有可能变坏的话，这种可能就会变成现实。理财有可能使财富增加，也有可能使财富减少。特别是对那些不懂理财和心态不好的人来说，很容易受到墨菲定律的捉弄。

我们需要管理的，其实是我们的欲望，而不是我们的财产。投资者过于激进，将所有的金钱、时间用在投资理财上，只为达成一夕致富的目标；然而，统计结果表明，只有不到10%的投资者能幸运地一圆美梦。

理财不是上街买白菜，是很专业的事。对于有着正当职业而又不懂理财的人来说，只拥有一张活期银行卡并不是什么丢脸的事。如果没有分析图表、研究走势的天赋，又何苦非要为难自己？

要不要理财是道选择题，要视自己的情况来选择。当然，你很想理财而自己又不会，也可以请专业的理财规划师帮你——如果你已经富到了这种程度的话。但你仍然要牢记墨菲定律，注意控制理财过程中的风险。

任何事都没有表面看起来那么简单

如果你懒得理财或不懂理财，自然可以选择不理财；但如果你有理财的能力和兴趣，那就不要把钱全部存到银行。因为靠存钱发财是没有指望的。

墨菲定律提示我们：任何事都没有表面看起来那么简单。把钱存银行表面上看能得到利息，实际上你并没有占到便宜，有时甚至还吃亏了。

银行的首要功能是社会性的，银行是聚集社会闲散资金的场所。通过聚集这些社会上的零星资金，积少成多。你存到银行的钱虽然还是这个数，但是经过整合，它的功能（注意不是它的价值）越放越大，它的作用由贷款利息来补偿，而存款人得到的仅是存款利息，显然后者低于前者。

从现在开始，如果你能够每年存下1.4万美元，如果你每年存下的钱都能投资到某个项目上，并获得每年平均20％的投资利润率，如此持续40年后，你能积累多少财富呢？

一般人计算出来的金额，多数在200万—800万美元，最多的也不会超过1000万美元。然而依照财务学计算复利的公式，正确的答案应该是1.028亿美元，一个众人不敢想象的数额。

这意味着，一个20岁的上班族，如果依照这种方式进行投资创业，到60岁时，就能成为亿万富翁了。

而按同样的数额把钱存进银行，按照平均5％的年利率，40年后你仅可以积累169万美元。与投资利润相比，两者收益竟相差60多倍。更何况，货币价值还有一个隐形杀手——通货膨胀。

钱，是不是一点都不要存银行呢？当然不是！不要把大钱存入银行，小钱还是要放一点的，以方便日常生活之用。现代银行各地联网，随用随取，的确是我们存放日常生活所需流动资金的好地方。

财富是如何缩水的

生活中发生的那些倒霉事，原本不在人们的欲求范围内，但偏偏事与愿违地发生着，比如，穷人常常不喜欢富人，甚至仇视富人，但他们却把自己辛辛苦苦挣来的钱补贴富人。

我们知道，在经济增长条件下，货币增发是不可避免的。在通货膨胀无法回避的现代社会，银行的存款利率根本无法弥补通货膨胀的杀伤力，存在银行的钱，看上去越来越多，实质上是泡沫成分多，愈存愈少。

财富是如何在货币增发过程中缩水的呢？假如社会上有一万个人，每个人有10美元钱，还有10万件商品。这样每件商品的价格是1美元。每个人都可以拿出他的10美元钱来购买10件商品，整个社会非常公平。假设有一年社会财富增加了一倍，变为20万件商品，但是政府增发了30万美元货币。也就是说，到年底的时候，社会上会有20万件商品，40万美元货币，这样，每件商品的价格就变成了2美元／件。

世界银行前高级副行长、首席经济学家林毅夫曾一针见血地指出，“穷人把钱存入银行，实际上是补贴富人。”

这话说得不无道理。还以上面的假设为例，第一个拿到这些增发货币的人，他可以以每件商品1美元的价格购买商品。他拥有40美元，可以买到40件商品。他后面的人如果拿出40美元，则要以1.1美元的价格来购买商品，只能买到36件商品。再之后就是1.2、

1.3，最后一个拿到货币的人，他面对的价格只能是2美元／件。前面这些人拥有比平均数更多的商品，只能以其他人拥有比平均数更少的商品作为代价。

如果可能的话，第一个人还可以贷款1000美元，以1美元／件的价格购买1000件商品。到年底时，以2美元／件的价格卖出去。

将资金存入银行，不但发不了财，甚至不能安全保值。

可以看出，离这些增发货币越近的人越占便宜，而离这些增发货币越远的人，吃亏越大。

世上没有绝对的“保险”

很多人以为自己了解墨菲定律，所以尽力远离风险，专挑保险的事做，其实他们可能忘了，世上没有绝对的“保险”，过度追求“保险”，反而成了一种风险。这也是墨菲定律具有哲学性的一种体现。

把钱存银行无疑很保险，但如果你有能力做投资，就需要多一点勇气。太保守，专挑胜率高的事情做，并不一定有利。

举个例子：

假设有两种情况，其一是给你30美元，然后给你一个机会掷硬币，如果硬币正面朝上，你就赢9美元，否则，你就输9美元，你掷不掷?

其二，给你1美元，然后还用掷硬币来决定，如果正面朝上你可得39美元，加上一美元，共可得40美元；如果反面朝上你可得21美元，但要减去一美元，共可得20美元。你掷不掷?

第一种情况是，获得39美元与获得21美元各有50%的机会，但有关研究发现，第一种情况下，有70%的人愿意赌一赌。因为这种风险不大并且有30美元作“保底”，所以很多人愿意干。而在第二种情况下则只有20%的人愿意，简而言之，当人们认为他们只可得到1美元时，他们就不愿意冒这个风险。

事实上，正是这种保守心理阻止了许多人致富。

保守的人一般比较关注盈利的成功率，而忽视整体的收益，实际上最后的结果不但不能盈利，往往本金还要亏损。举个例子来说明：

假设你在拉斯维加斯的某个赌场里玩老虎机，每局的成本是10美元，一共可以玩10局。如果在第一台老虎机上的获胜概率是60%，在第二台上的获胜概率是40%，如果你在第一台机器上赢一次可以获利15美元，在第二台机器上赢一次可以获利30美元。10局之后，总成本和总收益如下：

第一台：

总成本=10×10=100美元；总收益=15×10×60%=90美元。

第二台：

总成本=10×10=100美元；总收益=30×10×40%=120美元。

显然，在第一台老虎机上，会输掉10美元，而第二台老虎机将让你盈利20美元。

可见，低风险未必盈利，高风险未必亏损。同理，胜率高未必盈利，胜率低未必亏损。所以，在做投资前要算好成本收益账，看看你能在成功的交易中盈利多少？然后，你就能知道，是那些看起来比较保险的事情值得做，还是那些看起来有风险的事情值得做。

通过股票进行理财的重要理由

尽管短期有一定的风险与波动，股票作为整体却是所有长期投资方式中回报率最高的一种理财方式。尽管这令人难以置信，但却是不争的事实。股票市场总能在每一次崩盘后冲上一个更新的高度。按实际总回报（调整通货膨胀）来看，股票投资的收益要高于债券。

如果你不幸在股市高点，比如历史最高点中的任何一个附近投资了100美元。那么在接下来的10年过后，除去通货膨胀因素后股票市值将达到125美元；而如果你选择投资债券，你最后只能获得107美元；如果是国债，却是99美元。换句话说，股票是长期内表现最好的投资手段，而债券却仅够抵消通货膨胀而已。

所以，即使你在市场的最高点进入，你10年后除去通货膨胀后的收益也比债券或者存款要高。而假如你有幸在市场低点进入股市的话，你的收益将会更高。这就是通过股票进行理财的重要理由。

但是，凡是可能变糟的事情，就会变糟。这条墨菲定律同样适用于股市。股市是一个以争夺利益为核心的博弈场所，一方的胜利常常要以另一方的失败来承担，一方的赢利往往要以另一方的亏损来完成，一方的快乐也多建立在另一方的痛苦之上。博弈的结局是市场参与者输赢比例大致符合1：2：7的游戏规则，即在10个投资者中1人赢利，2人保本，7人亏损。所以，要想真正在股市中实现预期的收益，必须让自己成为胜者，而不是剩下的那9个人。

股票回报率最高的前提

“越不想要的结果越会变成现实。”这条倒霉的墨菲定律在股市中比比皆是，一如不想做长线的人最后还是得做长线。

股票成为回报率最高的理财方式是有前提的：你必须是一个长期的投资者，并且跟定了股票。这里所说的长期投资，至少要长达10年以上或更久的时间，这么长的时间足够让崩盘后的股价回复到先前的水准，并且也足够让你的获利呈现倍数成长。

人们总是不断寻寻觅觅寻找打败市场的秘方，但是，这个真理就闪耀在我们眼前：长期拥有一家成绩优异公司的股票。不管那些自认聪明的投资专家怎么说，最重要的是当一个遵守纪律的傻子，紧守着你的股票。当然，你得确定捕捉到的是真正具有长期投资价值的优质公司，这样的公司才值得投资。

有股谚曰：“长线是金，中线是银，短线是铜”。但是我们看到，很多投资者急于发财，他们不想做长线，把股票当成投机而不是投资，总想着一夜暴富。于是，他们不断地买进卖出，但又不具备短线操作的技术和心理素质，很容易被套牢，最后被迫成为长线投资者。

投资市场不是简单的数学运算

由于很多投资者只想赚取短期差价收益，而不去关注股票的长期走势，所以短线投资者大量存在。

但要想把短线做好就得了解市场，具备一定的专业知识。但现实中，有很多人连80%的专用名词、术语及英文缩写都搞不懂，看不懂专业的分析及信息，就盲目入市了，结果就被墨菲定律捉弄：买哪只股哪只股跌，卖哪只股哪只股涨；而同一只股票也是刚一买就跌，刚一卖就涨。

于是很多人就想起了数学上的“负负得正”，觉得如果继续错下去，最终也就变成对的了，因为没有一直上涨或下跌的市场，总会有回调或反弹。

如果有谁真这样做了（除非改做长线），墨菲定律会让他尝尽苦头。投资市场不是简单的数学运算，错错不会得对，或者错上好几次以后才可能对。

为什么？有两种可能，一是蒙得次数多了，总有对的时候；二是通过之前的错误，吸取教训，认真学习有关的知识，在实践中不断提高。显然，第二种比较靠谱。

所以，不论你是一个打算在股市中做一番成就的有志之士，还是已经成了一个老股民，都必须多学习一些与股票相关的专业知识，随时随地都注意钻研股票交易的方法和技巧。如此，你才能具有属于自己的思路，才能在股市中有长足的发展。

模拟交易就是纸上谈兵

有的投资者在新人时还是比较谨慎的，也比较有自知之明，觉得自己不具备交易能力，怕实盘交易会付出高昂的学费，所以就从模拟交易开始，在这个过程中制订自己的投资策略，并反复检验。

很多投资者模拟交易都赚钱，但一投入资金，墨菲定律就产生了作用，原先的投资策略失灵了，不仅赚不到钱，还亏损了不少。

为什么会出现这样的情况呢？因为模拟交易就是纸上谈兵，它会给你虚假的信心。其实，严格的模拟交易并不是都能赚钱，只是因为很多人都在暗示自己这不是真实的钱，而只是虚拟的，忽略亏损，记住盈利，所以给人一种错觉；而在实际交易中，就会遇到自己意想不到的问题和令人难以接受的结果。

没有任何战斗计划在遇敌后还能有效。更重要的是，模拟交易与真实交易是完全不同的两码事，它们之间的区别就在于心态上的天壤之别。这正如在游戏机室内玩战争游戏与到真实战场上去打仗一样，前者只是一种纯粹的玩耍心态，既然明知不会真的死掉，也就无所顾忌了。可在真实战场上就没有那么轻松的事情了。

由于模拟交易并不会给操作者带来实际的经济损失，所以就根本不存在心态上的患得患失，敢于放手去做。真实交易就迥然不同了，面对真金白银的增减，几乎没有不患得患失的，贪婪和恐惧两大心魔也就随之附体。

而在投资市场上，心态才是决定输赢的一个最关键因素，知识和技术反倒其次。因此，即便你在模拟交易中有再完美的投资策略，对真实交易的帮助也非常有限。

所以，我们不可沉浸在模拟交易的胜利中，更不要因为在模拟交易时很顺利就轻易投入大笔资金进行实战。稳妥的做法是，通过模拟交易积累一定经验之后，拿出少量资金真实交易一段时间，并时时谨记墨菲定律，即便有所损失，也是必不可少的学费。

宁可错过也不要做错

有不少投资者有暴富的心理，想抓住每一个波段，美其名曰“让资金利用效率最大化”。

的确，我们也能看到，在投资市场中，每天都有机会，这种想法在理论中是行得通的，在理论上运用此法能够赚到1年10倍、20倍的利润，实现财富的快速增值。

但是在实际中，我们却看到这些人频繁地追涨杀跌，不仅很多单子亏了，还亏了很多的手续费，结果，1年下来不仅没有实现10倍、20倍盈利的美好愿望，反而落得个没赚钱甚至亏损的下场。这样，就会被墨菲定律捉弄：心态开始变坏，越坏越乱操作，最后亏损累累，直至暴仓……

有时不操作就是最好的操作。你的投资品种有时候会碰到一个中线的波段，那么在前期建好仓位的情况下就可以耐心等待，不操作。等到阶段性顶部时再逐步减仓，保持镇定，以静制动，等行情走到你能看懂时再操作，宁可错过也不要做错。

一个想在投资市场赢得大利的人，是不应该太勤快的。耐心是投资者最优秀的心理品质。笑到最后才笑得最好，急躁是投资理财的大忌。急于赚钱和发财心切都是可以理解的，关键是急躁本身于事无补，反而有害。投资的目的就是着眼于未来的收益，投资的含义中就蕴含着时间因素，所以投资需要时间，需要耐心。

不操作也是最难的操作，这段时间是最难“忍”、最考验投资者耐心的“黎明前的黑暗”，但事后往往会发现，当时的“不操作”其实是非常正确的选择。因为，为了自己今后的“钱途”就一片光明，我们要经得起考验。

重视合理的资金风险控制

墨菲定律指出，只要有可能出错，迟早都会出错。在投资市场这个充满风险和错误的地方，更是如此。任何一个投资者，如果不重视正确的资金管理、合理的资金风险控制，必然会被无情的市场所埋没。

在风云变幻的股市交易中，理论、理念以及技术固然重要，但有效的资金管理显得更为重要。广大投资者，特别是中小投资者，一定要多一分清醒、多一分理性，把墨菲定律的告诫铭记心中，做好风险控制。

对投资者来说，控制风险的手段有很多，而止损一直是最重要的、也是最终的风险控制手段。在投资市场中，谁也不能保证每次都能胜利归来。由于种种原因，任何一个投资者不可能总是正确。一旦市场的运动与我们的预期相反，你的收益由盈转平，再由平转亏，这时要承认失败，及时止损，切忌一味等待解套。要明白，即使是铩羽而归，也比杀头而归、杀身而归要好得多。

许多投资者反对止损，因为“割来割去的，把钱都割光了”。事实上合理地止损往往相当有用和有效，谨慎的自救策略核心在于首先不让亏损继续扩大。投资者常常因为赚钱的诱惑而忽视风险导致不赚反赔，一时被套则可能为了等待解套而导致套牢加深直至万劫不复，他们都忘记了在任何时候保本都是第一位，而赚钱是第二位的道理，因此套牢以后不让亏损扩大到不可收拾的地步比解套更重要。

关于止损的重要性，专业人士常用鳄鱼法则来说明。鳄鱼法则的原意是：假定一只鳄鱼咬住你的脚，如果你用手去试图挣脱你的脚，鳄鱼便会同时咬住你的脚与手。你愈挣扎，就被咬住的越多。所以，万一鳄鱼咬住你的脚，你唯一的机会就是牺牲一只脚。在投资市场里，鳄鱼法则就是：当你发现自己的交易背离了市场的方向，必须立即止损，不得有任何延误，不得存有任何侥幸。

江恩说，在股市上有24条永恒的原则，其中第一条就是资本的安全，只有在保障资本安全的情况下才能说到获利。而第二条原则是下止损单。在江恩的理论中最重要的就是止损单的设置，在其所写的书中基本上每一页都出现了“止损单”这三个字，说明了止损单的重要性。同时止损单不仅保证资本的安全而且能保护自己的利润。

市场绝不在乎我们是不是顺从了它的趋势。有一件事比犯错误更要命，那就是坚持错误。所以，每一个投资者都应该有这样的思想：宁可放弃我们的高见，不要丧失我们的金钱。

有能力及早地纠正自己的错误，其实是一件值得自豪的事。坦然面对错误的止损，不要回避，更不必恐惧，只有这样，才能正常地交易下去，并且最终获利。

“被损失”的收益

有人有点闲钱，但自己又不会做投资理财，看到一些银行宣传的理财产品，很是诱人，心想，反正钱在银行里存着也是存着，不如交给银行理财。

正如墨菲定律所说，没有任何事情如表面看起来那么简单，无论你购买的银行理财产品最后能不能获得预期的收益，在你购买之初就已损失好几天的收益了。

所有银行理财产品都有一个募集期，募集时间各有不同，但多数在3至7天。如果有个别预期收益率较高的产品发售，基本募集的第一天就已经售罄，投资者只有赶早“抢”。而银行的募集期是不会提前终止的。也就是说，直到募集期结束，才正式开始按照理财产品的预期收益率计算收益。换句话说，投资者购买之初就已经“被损失”了2至6天的收益（只有微薄的活期利息）。

银行理财产品到期后，从产品到期日到理财资金到账日之间，一般还会有几个工作日的时间差，在这段时间，你的理财资金既没有理财收益，也没有活期利息，处于“裸奔”状态。不要小看前后这段时间的收益损失，如果将这些损耗折算进购买理财产品的收益中，银行理财产品的预期收益率实际上并没有那么高。

这还算好的，只是少了一些收益，不至于使你的本金减少；而有些银行和机构，说的是帮人们理财，实际上却是“陷阱”。百万资金委托炒股，3年时间内炒得血本无归；账户上的股票被券商经纪人每天买进卖出，市值损失几十万；投资万能险，资金不仅没增值，反而损失了不少；“免费赠股”，交了手续费，最后股票和钱都没了；说得天花乱坠的“绝版珍藏品”，没有什么投资价值……有些是出于恶意，有些则是金融机构在推介时涉嫌虚假陈述，一般不容易识别。

金融产品不像其他消费品，一旦产生“质量”问题，由于举证困难等原因，投资者的损失通常很难挽回。借理财名义频频出现的陷阱有很多，因此，在选择理财产品时，投资者要擦亮眼睛。

第一，要增强风险意识，选择有资格的机构购买理财产品，看清相关合同条款，根据购买能力进行理财。

第二，不做自己不懂的投资，对新型理财产品的期限、费用、风险情况、客户的权益与义务作全面详细的了解，有效保障自己的利益。

第三，永远不要去吃天上掉下来的馅饼，超越市场一般水平的高收益、大牛市的说辞是理财陷阱的主要诱饵。克服贪婪心理、保持合理的收益预期则是保持清醒头脑的最好法宝。

第四，预留备用金，不要把所有的钱都拿去投资理财，必须有一定数目的储蓄，以防范自己或家人可能面临的突发事件。

高收入不一定意味富有

墨菲定律强调做事要谨慎周全，如果只想着一面而忽视另一面，就无法达到预想的结果。在理财上，我们一方面要开源，另一方面也要节流。因为高收入不一定意味着富有，那种毫无节制的生活方式，足以把比你富有无数倍的人都送进无底的深渊。

泰森在他20年的拳击生涯当中至少赚进4亿美元，但在他即将过39九岁生日时，他竟然负债3800万。虽然他拥有一些资产——豪宅、名车、珠宝，但知情人士估计，这些资产的总值不超过300万美元。

但泰森却不认为自己贫穷，而这也正是他变得如此贫穷的原因之一。钱进来得越快，出去得也就越快，关于他挥霍无度的传闻不胜枚举。泰森花钱雇的人多达两百个，包括保镖、司机、园丁、厨师等。

他另外的花费还包括：将近450万美元花在汽车及摩托车上；340万美元花在衣服、珠宝上；两只白色的孟加拉虎价值14万美元；花了41万美元举办生日派对；驯兽师每年薪资要12.5万美元；送第一任妻子女星罗宾价值200万美元的浴缸；780万美元花在“个人开销”上。

泰森赚钱的速度总也赶不上他挥霍的水平，所以负债累累，而自己更是饱尝了这个苦果。

事实证明，一些毫无意义的盲目消费，是吞噬我们金钱的黑洞。想要做好理财，你应该有物超所值的观念，或最起码你要懂得什么叫物有所值。

在盲目消费中，最大的一块恐怕就是冲动消费，特别是女性，更为普遍。几乎每个女人的衣柜里都有几件只穿过一次甚至从来没穿出去的衣服，鞋柜里也都有那么几双永远闲置直至扔掉的鞋子。

冲动消费不仅掏空了我们的钱袋，同时也使我们的心灵更加空虚。其中一些购物成癖的人，则需要接受心理咨询与治疗。墨菲定律说人无法避免犯错，的确，我们每个人都会“犯傻”，都有禁不起诱惑的时候，但不能总是这样。因此，我们要有意识地减少“冲动消费”发生的次数。

约束就是克制自己，针对“冲动消费”，有效的约束方法就是预算，并严格执行。有效执行的一个简单的技巧就是逛街时身上尽量少带钱，也不带信用卡，只买那些已经计划好了的东西。这对于“不花光钱不回家”的冲动型消费者来说，这个方法非常有效。

贵未必就好

在购物消费的时候，我们都会听到亲朋好友或导购员说：“一分价钱一分货。”于是为了图个心安，买个放心，或者关系面子问题，在能承受的范围下，不少人还是宁愿选择买贵一点的东西，也不愿冒险去买相对便宜一点的东西。

“一分价钱一分货”真是一条颠扑不破的真理吗？墨菲定律告诉我们：其实未必。贵的商品与便宜的商品相比，成本会高一些，但往往多出来的价格远超过其成本（包含包装、宣传、营销等各种成本）的增加，实际用于材质或性能的成本很难说增加了多少。

看起来越是有用的东西，一旦付款买下，实际越是没用。

我们知道，有一种东西叫奢侈品，这种东西的第一属性就是贵，而不是好。商家大力宣扬的理论——我们的东西很好，所以很贵，在某种程度上并不准确，这些东西并非好所以才贵，而是因为贵，所以才“好”。所以墨菲定律还说：东西越好，越不中用。

当然，贵的商品还存在一个技术成本和技术难度的问题。抛开技术成本不说，光是技术难度就能把其他竞争对手甩开，用“别人做不到”作为卖点，比同类产品的价格高出一大截。但这种“技术难度”造就的卖点，对消费者有多大意义，我们要想清楚才行，因为我们买的是商品的使用价值。

由此可知，如果你纠结于两种商品究竟该买哪一种，选择便宜的往往就对了。

8 Chapter 8

墨菲定律与成功细节

供应链中信息传递的问题

1.信息不对称会扭曲需求信息

麻省理工学院的斯特曼教授曾经做过一个非常著名的实验：啤酒销售流通实验。假设制造一件成品要经过7个流程，需要7层上游厂商提供原材料和配件。如果第一个月，客户向公司下的订单是100件，为了防止缺货风险，保证安全库存，公司会要求上游厂家提供105件。

然后，公司的上游厂商为了保险，会要求他的上游厂家提供110件，以此类推，到了最上游的第七层厂商时，他所提供的数量可能达到200件之多。

10个月下来，随着时间与上下游的累计效应，这个数字会与实际需求相差很远，导致最后一层厂商损失惨重，可能受伤100倍。

“啤酒效应”暴露了供应链中信息传递的问题。不对称的信息往往会扭曲供应链内部的需求信息，而且不同阶段对需求状况有着截然不同的估计，如果不能及时详细地掌握供应链的供求状况，其结果便是导致供应链失调。可怕的市场“泡沫”，往往便是“啤酒效应”所导致的最终结果。

“啤酒效应”不仅仅是啤酒行业的现象，也是经济流通领域一种具有普遍意义的现象。“啤酒效应”产生的原因在于信息传递过程中出现了偏差。

春秋时宋国有一个姓丁的人家，没有水井，需要一个家人专门到很远的地方打水洗涤。于是丁家下定决心打一眼井。井打好后，丁家人非常高兴，逢人便说："我们打井节省了一个人的劳动力。"人们辗转相传，越传越走样，传到最后竟然成了："丁氏打井打出了一个人。"后来，宋国人都在议论这件事，宋国的国君也听说了这件事。宋君派人前去问丁家这件事。丁氏答道："是节省了一个人的劳动力，并非打井打到了一个人！"

打井挖出一个人，显得荒诞不经，然而却有很多人相信。信息在传递的过程中，往往会发生偏差，以致产生以讹传讹的情况，这就要求人们对外界来的信息加以辨别和考察。

有信息传递就会有谬误，产生这种谬误有可能是因为传递链过长，因此要充分利用现代信息技术，减少信息传递的中间环节。此外，也可能是有些人在信息传递过程中制造虚假信息，传播谣言。因此要建立一套避免信息失真的保障制度，对那些虚假信息的制造者给予相应的处罚。

2.信息传递的失真性

流浪狗波波在一棵树下小憩了一会儿，醒来后，发现身边围聚着一帮大爷大妈，他们仔细地盯着波波，眼都不眨一下。

"这是一只萨摩犬，绝对是。"一个很像学者的老头，发表了意见。

"他们又在讨论我的品种。"波波虽然无奈，但碍于重重人墙，它无法冲出去，只得听这些大爷大妈们争论。

一个大妈发表不同意见："不对不对，这条狗和我家的土狗很像，我猜它应该是一条普通的狗，顶多是条杂交狗。"

众人争论不休，过了许久才散开，波波方能昏头昏脑地离开。但事情还没有结束，一路上不断有人围观他。

两个妇女在讨论："这不是那条有着萨摩犬血统的狗吗？长得真不错。"

波波赶紧躲到另一端，没想到，有几个人也指着它说："就是它，就是它，那条萨摩犬，真好，能值大价钱呢。"

到走出这片生活区时，波波所听到的最后版本已经是："今天早上，本社区发现了一条富豪家遗失的名贵犬，能值很多钱，要把它抓住，富豪一定有重谢。"

波波惊出一身冷汗，它偷偷摸摸地从街角溜走，生怕人们把它捉去换钱。其实自己根本就是一条普通的狗，只不过在人们的口口相传中，变成了一条名牌狗，这真是让它哭笑不得的误会。

其实，在我们的生活中类似的事并不在少数，这就是信息在传递过程中的失真。一个人说街上有老虎，人们不信；两个人说街上有老虎，人们开始有点相信；当三个人都说街上有老虎时，人们肯定会相信了，这就是"三人成虎"。在信息传递的过程中，往往存在失真的可能性。

比如，现在以车代步成为越来越多人的选择。市中心的拥堵生活，令都市里的人们不堪重负，他们便选择在郊区买房，享受清新空气和自然魅力，但工作地点不可能变更，所以，汽车的重要性就变得不言而喻了。

但现在的汽车更新换代极快，堪比电脑、相机这些电子数码产品，所以，买二手车便成为人们的首选。二手车市场里应有尽有，不比正规汽车店里的差，价格便宜，只要能挑中一辆性能不错、价格适中的二手车，便算是赚到了。

如何才能选中一辆让人心满意足的二手车呢？普通人对于车的了解有限，他们便将希望放到了专家身上。

但专家是否就真的权威？没人可以确定，二手车的性能、价格种种因素都会令买车的人做出错误的判断，专家的许多建议很多时候只是纸上谈兵，而买车需要实际的考察和认真的审视，这是专家无法给予的，只能靠自己判断。

就好像故事中人们对待波波的态度一样，那些真专家、伪专家一渲染，人们便开始相信一些虚假的信息。买车时，正是因为信息的不对称，买二手车的人为了尽量降低风险，便使劲压低价格，所以，即便是一辆崭新的车开到二手车市场，也会大打折扣。

可见，信息失真，受损失的不仅仅是买方，卖方也不会占到便宜。随着经济学研究的深入发展，特别是社会信息化进程的加快，人们认识到，信息传递的失真会带来额外的成本，因此我们必须认识到降低或避免信息失真成本的重要性。

3.把握信息脉象

在商品经济中，信息主要反映在价格上，价格信息是经济信息的中心，其它信息都在为价格信息服务。市场经济的本质是用价格信号对社会资源进行配置，社会资源的分配和再分配过程实际上是人们围绕价格进行资源博弈的过程。对任何一种资源的优先占有都可以在博弈中获得相关的利益，信息也是一样。

人们常说，买东西的永远没有卖东西的精明，便是因为买方的信息不如卖方的全面。基于这种信息不对称，卖方总是可以凭信息优势获得商品价值以外的利润。交易关系因为信息不对称变成了委托代理关系，交易中拥有信息优势的一方为代理人，不具备信息优势的一方是委托人，交易双方实际上是在进行无休止的信息博弈。

此外，完全信息是我们做出有效决策的先决条件，谁获得的信息既丰富又准确，谁就会在经济生活中先行一步。要获得真实可靠的信息，一定要付出更多的努力才行，不但需要多听专家的意见，更要主动地把握信息的脉象。

不能轻易听信谣言

1.信息越传越扭曲

在一节小学的听说课上，老师带领学生们做了这样一个传话游戏：以10个同学为一组，一排人站好，戴上隔音耳机，从左至右传达一段话，只有正在进行交流的两个人才能取下耳机，其他人都只能通过前一位的转达才能知道话的内容。哪一组最后说出的话与原文最相近，就胜出。老师将比赛规则公布完毕之后，就将传话的句子告诉了每组的第一位同学。开始后，第一个人说的是“给我来一份紫菜蛋花汤”。结果，第十个同学那说出来的却是“我要一颗子弹，不要蛋花汤”。顿时，全班捧腹大笑。

这虽然是课堂上为了活跃气氛，让大学放松的一个小游戏，却反映出我们需要重视的一个传播规律：信息在传播的过程中会失真，不能轻易听信谣言。

一个人听到别人说的话之后，在向其他人转述的时候，往往不能完全理解讲话人的用意，而是加进了自己主观上的一些理解和想法。如果两个人之间存在利益上的对立时，他往往会在可操作的范围内，将原话进行一定程度的修改，使其符合自己的利益取向或者立场。特别是当一个人不熟悉说话人或者说话人用对方不理解的方式表达自己想法的时候，说话信息的失真性就越大。这样看来，讲话人表面上看是把自己的想法表达出来，但是，实际上，别人是否真正领会了自己的意思或者领会了多少，都不是讲话人所能控制的，极有可能到了信息接受者那里，已经不再是“原版”的了。

那么，传播扭曲效应出现的原因是什么呢?

第一，口头传播中的不准确性。在人们平时的交际中，大多使用口语。但是口头语言稍纵即逝，无法像书面语一样，有纸质或电子的形式保存下来，因此口语的传播更多是要靠接受者去理解。这就免不了会影响口头传播的准确性。

第二，传播的感情色彩。传播者喜欢一个人，就会在说话的过程中添加对其有益的信息，或者夸大已经存在的对其有益的信息。若讨厌一个人，则有意夸张对他有害的信息。

第三，人性中的共性。有很多人喜欢夸张，爱传播耸人听闻的消息，寻求刺激。在传播中，夸张的表情与语言更能刺激别人，以达到自我宣泄与自我实现。

第四，人们往往喜欢把不确切的东西，无从查证的信息，加上个人的想象，以增强其可信度。三人成虎，便是这个道理。

在了解了这个效应之后，我们就要尽量不受小道消息、被扭曲的消息的干扰，避免受传播扭曲效应的左右。谣言止于智者。要学会分析判断问题，始终保持清醒的头脑，于人于己，都是一件幸事。

2.营销中的扭曲效应

尽管传播扭曲定律大都是将事实夸大了，但是，并非所有的传播扭曲现象都有坏处而没有好处。有时候，经过扭曲了的信息反而会产生意想不到的效果。因此，传播扭曲定律被应用在营销领域。

如某种品牌的服装，在刚进入市场的时候，为了能吸引消费者的眼球，选择了一位当红明星做代言人。在最初的推广阶段就会吸引到一大批消费者，并且会随之带来很多的潜在消费者。市场的供求关系出现供不应求的现象，消费者就会向卖家反映，卖家就会向供应商反映，层层传递，最终的信息都会反馈到厂家。厂家在获取到这样的信息之后，肯定就会扩大生产。而在后续的生产过程中，该产品代言人的影响力继续扩大。不仅出了新的专辑，而且还做了很多公益事业，加上这位代言人本身出道的时间就很长。结果，代言人的影响群体从原来的年轻人扩展到中年人，甚至老年人，成了大众心中的偶像，这就会带动该服装品牌的销量继续上升，而销量提升的同时，生产厂家得到这样的信息反馈，就会考虑丰富服装的种类、样式等等。比如，以前只做服装，现在就可以考虑做鞋帽、手提包、饰品、纪念品等等；以前针对的消费群体是青年人，现在就可以考虑中年人、老年人的穿衣风格而设计新的款式。在服装上，也可以增添多种款式，适合多种工作环境的人，从而形成该品牌的完整产业链条。

或许，该品牌的服装在最初进入消费者群体的时候，跟大多服装一样，并没有让大家觉得有什么特别之处，其本身的价值也很普通。但是，由于信息在消费过程中的传播，导致大家对该服装的需求增大，口碑的相传，最终成就了一个品牌的市场地位。这无疑是传播扭曲现象所发挥出的独有的积极作用。

别轻视微小行动的偏离

1.忽略缺陷造成的恶果

根据蝴蝶效应，在企业经营中，若发现公司有不合理的现象，要立刻设法改正，否则，管理上的漏洞很快就会表现在产品和服务上。所以，不要因为产品有毛病就讳而不宣，等到消费者发觉时，很可能会损害公司的名誉、信用。

有着百年辉煌历史的爱立信与诺基亚、摩托罗拉并列称雄于世界移动通讯业。但自1998年开始的3年内，当世界蜂窝电话业务高速增长时，爱立信的蜂窝电话市场份额却从18%迅速降至5%，即使在中国市场。其份额也从1／3左右迅速地滑到了2%。爱立信从手机销售头把交椅跌落，不但退出了销售三甲，而且还排在了新军三星、飞利浦之后。

为什么爱立信在中国这块风水宝地上失去了它往日的辉煌呢？

2001年，爱立信的一款型号为T28的手机存在质量问题。这本来就是一种错误，但更大的错误是爱立信漠视这一错误。

“我的爱立信手机的送话器坏了，去维修部门，很长时间都没有解决问题，最后，他们告诉我是主板坏了，要花700块钱换主板，而我在个体维修部那里，只花25元就解决了问题。”一位消费者明确说出了爱立信存在的问题。那时，几乎所有媒体都注意到了T28的问题，似乎只有爱立信没有注意到。爱立信一再地辩解自己的手机没有问题，而是一些别有用心的人在背后捣鬼。

然而，市场不会去探究事情的真相，也不给爱立信“申冤”的机会，无情地疏远了它。

其实，信奉“亡羊补牢”观念的中国消费者已经给了爱立信一次机会，只不过，爱立信没能好好把握。

1998年，《广州青年报》从8月21日起连续三次报道了爱立信手机在中国市场上的质量和服务问题，引发了消费者以及知名人士对爱立信的大规模批评，而且爱立信的768、788以及当时大做广告的SH888，居然没有取得入网证就开始在中国大量销售。当时，轻易不表态的电信管理部门的声明，证实了此事。至此，爱立信手机存在的问题浮出了水面。但爱立信采取掩耳盗铃的方式来解决问题，甚至试图拿钱来封媒体的嘴。爱立信广州办事处主任还心虚嘴硬地狡辩：我们的手机没有问题！

既然选择拒不认错，爱立信自然不会去解决问题，更不会切实去做服务工作。正是这一系列的质量和服务中的缺陷，使爱立信失去了中国市场。同时，也让我们明白，即使是一个由数以百万计的个人行动所构成的公司，同样经不起其中微小行动的偏离。

2.单双号限行与蝴蝶效应

某一天，家住北京的董明一反常态起了个大早，因为今天他要挤公交上班。这对习惯于开车上班的他来说颇有些新鲜，但没有办法，自从单双号限行开始实施以后，董明的汽车便只能轮班休息了。这些并不重要，重要的是，他作为北京市民，应积极响应政府的单双号限行政策。

在北京举办奥运会期间，政府决定单双号限行，即从2008年7月

20日起，北京正式开始实行为期2个月的限行政策。试行之后，北京又正式开始实行汽车的限行措施，之后，不少省市也纷纷效仿北京的做法，希望通过单双号限行来改善交通拥堵状况。但是，效果似乎并没有预期的好，到了上下班的高峰期，堵车的情况依旧如故。

董明也发现了这点，他本以为乘坐公交车只需半个小时就可以到达单位，但没有料到，在一条路上堵了40分钟，公交车依然没有前行的意思，这让董明心急如焚。眼看上班的时间就要到了，他还在半路上，下也下不去车，走也走不了。

为什么限行之后，依然堵得厉害呢？董明的苦恼也是许多人的苦恼。他听到车上几个人在讨论堵车的事情。

“我这个月都是第二回迟到了，每次都是在这条路上堵着下不去。”一个年轻小伙子抱怨道。一个老大爷不急不慌地说：“急啥，过了高峰期就能走动了。”

“那我们也都迟到了，这个月的奖金又没了。”小伙子沮丧地说。

董明忍不住插嘴道：“以前开车堵，现在限行了，我们坐公交车也这么堵车，真不知道以后是不是该跑步去上班。”

老大爷笑着说：“其实，单双号限行只是一时限制了汽车的数量，短期内人们有可能会看到汽车流量减少，但时间长了，反而会刺激汽车的消费和使用。”

看到董明一脸迷茫，老大爷接着说：“举个例子，之前车辆增加，是因社会的进步和人们收入的增加。倘若长期实行单双号限行，随着人们收入的不断增多，有车族完全可以再买第二辆车，这样，遇到限行也不必担心会影响开车出门。即便是现在，很多家庭也拥有两辆车，但一般只开一辆。结果一限行，两辆换着开，限行对他们并没有影响。看来，限行政策还是没能解决问题。”

车辆限行却无法缓解堵车状况，这令许多市民头疼不已。现在有车一族越来越多，据有关数据统计，截至2008年年底，北京市机动车保有量已突破350万辆，平时有大约30%—40%的车被闲置而没有使用，而限行之后，这个库存被充分挖掘，反而使出行车辆增加。所以说，限行不仅对交通改善的作用有限，从另一方面来说，限行还不利于提高汽车的使用率。根据经济学的理论，某样产品在需求一定的情况下，应当是使用率越高越好。同理，汽车也应如此，否则就是社会资源的浪费。

单双号限行政策阻碍了汽车的使用。而且短期的社会成效不能改变和降低整个社会总的用车需求，只会降低每一辆车的使用效率。

从经济学的角度来看，单双号限行这种措施并没有预想中那么完美。北京市后来又出台了限号政策，在一定程度上改善了拥堵问题。日后，还会有更科学的办法出台，提高道路和车辆的使用效率。

名人效应的利用价值

1.站在名人肩膀上

因为“体操王子”李宁的非凡成就，以李宁命名的服装也成了名牌；企业纷纷请名人代言，明星的身价因此暴涨；名人头上的光环是一笔无形的财富，具有巨大的吸引力；名人的力量是无穷的，否则就不会有“东施效颦”的典故了。

在意大利的一个小镇上，一栋看起来不起眼的二层楼住宅，下面有个毫不起眼的阳台，一扇毫不起眼的木门，旁边有一个毫不起眼的钟亭，却常常挤满了慕名而来的游客。每个人都要在阳台上摄影留念，年轻的恋人们还不忘在留言簿上写下海誓山盟，因为这是莎士比亚笔下经典爱情故事女主角朱丽叶原型的家。

这则故事反映了一种特殊的社会效应，一种能使原本的默默无闻变成众所周知，使不起眼变成全球闻名的神奇效应——名人效应。

从某种程度上讲，名人效应是一种非常有利用价值的社会效应，名人是人们心目中的偶像，名人效应就是因为名人本身有着一呼百应的影响力。

名人效应在社会中的应用是很普遍的。首先在广告方面，一打开电视机，铺天盖地的广告迎面而来，几乎大部分的广告都在利用名人效应，因为观众对名人的喜欢、信任甚至模仿，能够转化为对产品的喜欢和购买，这有利于商品的销售。在电影和电视剧市场，名人效应也广泛存在，借助名人的影响力提高影片的知名度，同时利用名人的个人魅力提升影片的观赏性，这些都是名人效应的应用。

许多企事业单位以及商场、酒店、学校、娱乐场所，大都愿意请政府官员或名人雅士题写名称；一些商品的宣传资料上，常常可以见到政界高级官员的题词和接见董事长、总裁的照片，就是因为人们更容易买名人的账。

还有许多人初次见面，总爱向对方夸耀自己认识某某大人物，一提到那些官居要职的人，即便攀不上亲戚，也一定要说成是自己的熟人或“朋友”，或“朋友的朋友”。这些人无非是想借名人的光环笼罩自己，扩大自己的影响力。

2.借用名人光环

20世纪30年代初，美国有两位大学生打赌，他们寄出了一封不写收信地址，只写“居里夫人收”的信，看它能否寄到居里夫人手里。结果，这封信真的寄到了居里夫人手里。试想，如果换了一个普通人，信可能寄得到吗?

一封信如果只署上普通人的姓名，那肯定是石沉大海，但署上了居里夫人的名字，就能够准确无误地送达，因为几乎每个人都知道居里夫人。巧借名人效应，能够使我们事半功倍地达到目标。

在社会生活的许多领域，名人效应都是行之有效的。在商品销售中，利用人们对名人的仰慕心理更是十分重要。翻开众多销售成功的案例，名人效应屡试不爽。现在，许多体育用品厂商利用世界级著名运动员大做广告，通过赞助比赛、提供比赛服装和用品的形式让著名运动员为其产品扩大影响力，这样的销售方式已经风行于全世界。

常见的利用名人效应销售商品的方法有以下几种：

（1）在广告中邀请名人宣讲或表演，效果特别好。名人一般都具有较高的知名度，或者还有相当的美誉度，以及特定的人格魅力等，他们参与广告活动特别是直接代言产品，与其它广告形式相比，更具有吸引力、感染力、说服力、可信度，有助于引发受众的注意、兴趣和购买欲。

（2）在商品及包装上请名人写字作画。如布娃娃在美国原售价每个20美元，而“椰菜娃娃”设计者亲手签名的布娃娃售价曾高达300美元，这种“椰菜娃娃”在美国曾一度供不应求。但是邀请名人签字也不宜过多过滥，有的书法家到处为店铺题名，这无疑会在某种程度上失去名人签字的吸引力。

（3）在商场中请知名演员献艺，能吸引大量顾客，生意自然兴旺。大多数人都有凑热闹的心理，请著名演员献艺，既可以使顾客看到喜欢的演员，又能在商场引起轰动效应，增加客流量。

（4）请有关领导到商场，可吸引大批群众进店。领导的权威性无疑是巨大的，在很多百姓心里，领导认可的东西必定是货真价实的东西。

在选择名人进行宣传的时候，不能盲目追求大牌明星，一定要选择与宣传内容相符的明星，因为名人的类型与所带来的效应有着莫大的关联。譬如，让一位歌星去代言学校，可能起初会有不少人慕名而去，但时间一长，名人效应就会慢慢淡去。如果由一位在教育界非常有名气的学者来为学校做宣传，带来的名人效应可能会长久存在。

3.总统被书商利用

一个出版商有一批滞销书久久不能脱手，于是他想了一个主意，让总统“帮”他卖书。计划妥当后，他给总统送去一本书，三番五次去征求意见。忙于政务的总统不愿与他过多纠缠，便回了一句：“这本书不错。”出版商便借机大做广告：“现有总统喜爱的书出售。”于是这些书被一抢而空。

不久，这个出版商又有书卖不出去，又送了一本给总统。总统上了一回当，想奚落他，就说：“这本书糟透了。”出版商闻之，又做广告：“现有总统讨厌的书出售。”仍有不少人出于好奇心而争相购买，书很快又卖完了。

第三次，出版商将书送给总统，总统接受了前两次的教训，便不做任何答复。出版商仍大做广告：“现有总统难以下结论的书，欲购从速！”居然又被一抢而空。总统哭笑不得，商人大发其财。

商人利用总统的声望，大肆宣扬其书是经过总统评论的。购书者出于好奇，想知道为什么总统会觉得那本书不错、讨厌和难以下结论，所以争相购买。由于总统属于众所周知的人物，他的一举一动、一言一行都会被人关注。这位精明的出版商深谙顾客心理，巧用名人效应，在平淡中见神奇，实在是构思奇特，别出心裁。